新型电力系统与新型能源体系丛书

超导电力：引领绿色未来能源革命

诸嘉慧　张宏杰　陈盼盼　杨艳芳　刘家亮　丘　明　著

机械工业出版社

本书系统总结了全球超导电力的发展历程与前沿进展，详细分析了超导电力在提升能源传输效率、强化电力系统安全性、推动能源结构转型等方面的革命性作用，重点介绍了超导电缆技术、超导限流器、超导储能系统、超导限流变压器、超导同步调相机、超导电力能源储输系统、高温超导可控核聚变技术的工作原理、国内外技术发展现状和趋势，以及作者团队在该领域深耕数十年的实践经验和最新科研成果，提出了在全球能源转型和"双碳"目标背景下的超导电力和能源应用技术发展路线图并进行了趋势分析。

本书可为能源动力、超导电工、储能等相关专业的高年级本科生和研究生提供参考，也可为政策制定者、电力企业、科研单位以及战略投资机构提供决策依据和战略参考。

图书在版编目（CIP）数据

超导电力：引领绿色未来能源革命／诸嘉慧等著.
北京：机械工业出版社，2025.3. -- （新型电力系统与新型能源体系丛书）. -- ISBN 978-7-111-77918-6

Ⅰ. TN101

中国国家版本馆 CIP 数据核字第 2025KB0737 号

机械工业出版社（北京市百万庄大街 22 号　邮政编码 100037）
策划编辑：杨　琼　　　　　　责任编辑：杨　琼
责任校对：梁　园　丁梦卓　　封面设计：马精明
责任印制：单爱军
北京华宇信诺印刷有限公司印刷
2025 年 6 月第 1 版第 1 次印刷
169mm×239mm・8.75 印张・174 千字
标准书号：ISBN 978-7-111-77918-6
定价：69.00 元

电话服务　　　　　　　　　网络服务
客服电话：010-88361066　　机　工　官　网：www.cmpbook.com
　　　　　010-88379833　　机　工　官　博：weibo.com/cmp1952
　　　　　010-68326294　　金　书　网：www.golden-book.com
封底无防伪标均为盗版　机工教育服务网：www.cmpedu.com

前　言

高温超导技术在电力、能源、交通和信息等领域有巨大的应用前景，是欧美等发达国家重点支持的战略性前沿技术，也被列入我国中长期科学和技术发展规划纲要。国家电网有限公司对实用化超导电力技术发展也高度重视，在公司"中长期（2030年）科技规划""智能电网重大工程实施方案"和"十四五"科技规划中，都将超导电力装备及其应用列为重要的任务部署。超导电力技术在提高电网安全稳定性及电能质量、提高大容量远距离输电能力、降低电网的损耗和减少电力设备用地等方面具有显著的优势。国际上已经出现了大量的超导电力技术应用示范工程，我国在高温超导材料、超导电力装备以及超导能源综合应用的研究方面，已经形成了很强的基础优势，处于国际前列。

本书针对超导电力与能源应用技术进行了系统的介绍，第1章简要介绍了超导材料的情况，以及典型的高温超导电力应用方向；第2章详细分析了超导电缆的工作原理、国内外技术发展现状和趋势，并对10kV/1kA 二分型三相同轴超导电缆技术进行了深入介绍；第3章详细分析了超导限流器的工作原理、国内外技术发展现状和趋势，并对10kV磁偏置超导限流器技术进行了深入介绍；第4章详细分析了超导储能系统的工作原理、国内外技术发展现状和趋势，并对面向工程化兆焦级高温超导储能磁体技术进行了深入介绍；第5章详细分析了超导限流变压器的工作原理、国内外技术发展现状和趋势，并对6kV/125kVA 超导限流变压器技术进行了深入介绍；第6章详细分析了超导同步调相机的工作原理、国内外技术发展现状和趋势，并对50Mvar高温超导调相机设计技术进行了介绍；第7章详细分析了超导直流能源管道和超导氢电互济储输系统的工作原理、国内外技术发展现状和趋势，并对±100kV/1kA 超导电力/液化天然气一体化输送能源管道技术进行了深入介绍；第8章详细分析了高温超导可控核聚变技术的工作原理、国内外技术发展现状和趋势；第9章对超导电力和能源应用技术发展趋势进行了分析。

目 录

前言

第1章 绪论 ·· 1

第2章 超导电缆技术 ··· 3
2.1 工作原理 ·· 3
2.2 国外技术发展现状和趋势 ·· 4
2.3 国内技术发展现状和趋势 ·· 7
2.4 10kV/1kA 二分型三相同轴超导电缆技术 ·································· 10
参考文献 ·· 19

第3章 超导限流器 ·· 21
3.1 工作原理 ··· 21
3.2 国外技术发展现状和趋势 ·· 22
3.3 国内技术发展现状和趋势 ·· 27
3.4 10kV 磁偏置超导限流器技术 ··· 31
参考文献 ·· 49

第4章 超导储能系统 ··· 51
4.1 工作原理 ··· 51
4.2 国外技术发展现状和趋势 ·· 52
4.3 国内技术发展现状和趋势 ·· 54
4.4 面向工程化兆焦级高温超导储能磁体技术 ································· 55
参考文献 ·· 62

第5章 超导限流变压器 ·· 64
5.1 工作原理 ··· 64

5.2 国外技术发展现状和趋势 ·········· 65
5.3 国内技术发展现状和趋势 ·········· 67
5.4 6kV/125kVA 超导限流变压器技术 ·········· 67
参考文献 ·········· 80

第 6 章 超导同步调相机 ·········· 82

6.1 工作原理 ·········· 82
6.2 国外技术发展现状和趋势 ·········· 83
6.3 国内技术发展现状和趋势 ·········· 85
6.4 50Mvar 高温超导调相机设计技术 ·········· 86
参考文献 ·········· 94

第 7 章 超导电力能源储输系统 ·········· 95

7.1 超导直流能源管道 ·········· 95
 7.1.1 工作原理 ·········· 95
 7.1.2 国外技术发展现状和趋势 ·········· 95
 7.1.3 国内技术发展现状和趋势 ·········· 96
 7.1.4 ±100kV/1kA 超导电力/液化天然气一体化输送能源管道技术 ·········· 99
 7.1.5 超导直流能源管道的样机实验 ·········· 109
7.2 超导氢电互济储输系统 ·········· 112
 7.2.1 工作原理 ·········· 112
 7.2.2 国外技术发展现状和趋势 ·········· 113
 7.2.3 国内技术发展现状和趋势 ·········· 115
参考文献 ·········· 115

第 8 章 高温超导可控核聚变技术 ·········· 118

8.1 工作原理 ·········· 118
8.2 国外技术发展现状和趋势 ·········· 118
8.3 国内技术发展现状和趋势 ·········· 122
参考文献 ·········· 127

第 9 章 超导电力和能源应用技术发展趋势分析 ·········· 129

9.1 技术发展路线图 ·········· 129
9.2 技术趋势分析 ·········· 129

第 1 章

绪 论

　　超导电力和能源应用技术是超导电工、电力系统与能源技术相结合的一门新技术,超导材料具有高密度无阻载流能力,氢能、液化天然气等能源具有低温属性,利用这些特性构造的先进超导电力装备,可以广泛应用于发、输、配、用、储等诸多电力相关领域。这些设备容量大、损耗小、响应速度快,具有常规电力技术不可比拟的优势。超导电力技术与装备的研发已经成为电力工业长远发展与技术创新的重要体现之一。

　　1911 年,科学家发现了超导现象,从此低温超导材料,如铌钛(NbTi)、铌三锡(Nb_3Sn)开始走进人们的视野。得益于低温超导材料的零电阻效应和完全抗磁性,其应用给各行各业带来了广阔前景,诞生了许多深刻改变人类生产生活的技术产品,包括医学领域的核磁共振仪器、交通领域的磁悬浮列车、高能物理领域的粒子加速器以及可控核聚变中的磁约束装置都是其成功应用的证明。但是由于低温超导材料必须采用稀少的液氦制冷,制冷成本过高,因此导致低温超导材料在电气工程领域中的实践应用并不多见。

　　1987 年,科学家发现了高温超导材料,如二硼化镁(MgB_2)、铋锶钙铜氧(BSCCO)、钇钡铜氧化物(YBCO)。由于高温超导材料的制冷工质可采用廉价的液氮,使得其制冷成本大幅降低,使用超导体进行电能的发、输、配、用、储终于成为现实,这给电气工程领域同样带来了革命性的影响,各种超导电力装备开始从理论构想走进工程实践。特别是随着高温超导材料的不断改进,第一代铋锶钙铜氧(Bi)系高温超导带材和第二代钇钡铜氧(Y)系高温超导带材的先后成功商业化生产,低成本的高温超导材料和与其配套价位合理的制冷系统促进了高温超导技术在各种磁体和电力装备中的应用,各种超导电力装备进入快速发展期,如超导电力电缆、超导限流器、超导储能系统、超导同步调相机等。

　　近年来,随着技术的发展和研究工作的不断深入,基于超导体的无阻高密度载流特性以及超导态/正常态转变特性,在一种超导电力装备上实现两种或以上超导电力装备的功能,从而优化系统结构、降低超导电力装置的成本提高性价比,实现超导电力装备功能复合化成为超导电力技术的研究热点和未来的发展趋势之一,催生了各种新型复合化超导电力装备，如超导限流变压器、超导直流能源管道、超导氢电互济输送系统等。

基于上述超导电力装备技术，本书通过调研的方式研究梳理了国内外相关技术的发展历史以及现状，形成总体的超导电力和能源应用技术发展视图，并介绍了本书作者的相关技术成果。

第 2 章 超导电缆技术

2.1 工作原理

超导电缆是使用超导体作为导电材料的新型电缆,利用超导体处于超导态时的无阻载流能力,令电缆传输容量获得了极大提高。

目前冷绝缘交流高温超导电缆结构主要有三相分立电缆、三芯一体电缆和三相同轴电缆,如图 2-1 所示。

a) 三相分立电缆

b) 三芯一体电缆

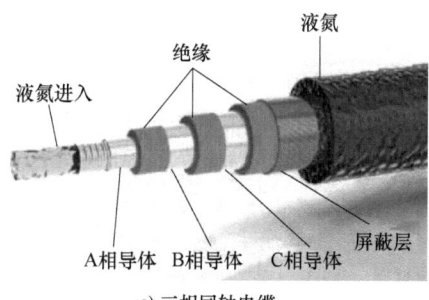

c) 三相同轴电缆

图 2-1 超导电缆结构分类

其中,相比于三相分立电缆,三相同轴电缆因各相无须独立屏蔽,共用一层屏蔽层,节省了材料用量,而且三相平衡时对外无电磁场影响,所以屏蔽层可采用常规导电材料，进一步节省超导材料用量，制冷成本也大大降低。相比于三芯一体超导电缆，三相同轴结构更加紧凑，电缆的经济性更好。总体而言，更加适用于35kV以下中低压配电系统，单回输送容量可达50MVA以上，完全能够用于替代110kV线路。

与传统的铜电缆相比，超导电缆具有以下几个优点：①极低的损耗，直流高温超导电缆的导体损耗几乎为零，交流高温超导电缆的损耗是常规电缆的十分之一；②在相同截面情况下，超导电缆的载流能力是传统铜电缆的5~10倍；③超导电缆可以在更低的电压水平下承载高电压水平的功率容量，通过在低电压等级下的高功率传输，可替代城市变电站和相关辅助设备，大大减少资本投资；④超导电缆采用液氮等作为冷却介质，不会有漏油污染环境和发生火灾的隐患；⑤超导电缆结构紧凑，减少了电缆隧道和相应支持机构的尺寸，可以在现有的地下管道中安装超导电缆。

但是，三相超导电缆因各相结构差异，三相导体之间电磁耦合不均匀，往往会出现相间不平衡问题。当线路发生短路电流冲击或者不对称故障时，由于超导体失超产生电阻和发生热积累，三相电缆中各相电流呈现转移分布现象，令屏蔽层感应电流、电缆电压以及等效参数等均会发生改变；当低温冷却环境和冷却介质也发生故障或改变时，由于不能及时移除累积热，持续上升的温度导致超导电缆失去稳定性，严重时甚至会造成电缆损坏。

可见，三相超导电缆故障暂态变化过程更加复杂，不平衡传输电流下的交流损耗及传热特性等内容目前尚缺乏有效的理论研究。此外，由于大容量三相输电要求较高，三相故障运行模拟很难实现，对三相超导电缆暂态运行特性变化规律也缺少实验研究，还没有有效的实验验证方法。三相电缆的上述问题会影响电缆本体结构设计与安全性评估。

2.2 国外技术发展现状和趋势

对于高温超导电缆的研究发展进程，到目前为止可以大体分为以下3个阶段：

第1个阶段，高温超导电缆技术的初步探索。伴随着铋（Bi）系高温超导带材批量化生产的兴起，研究的主要内容有：超导电缆结构研究，包括室温绝缘高温超导电缆、冷绝缘高温超导电缆、三相同轴结构电缆、三芯一体结构电缆等，以及超导电缆电气性能、传输特性等方面的研究。

第2个阶段，开始启动具有应用价值的超导电缆技术开发。典型案例是美国Southwire公司开发研制的30m、三相、12.5kV/1.25kA冷绝缘高温超导电缆实现并网运行，向高温超导电缆技术实用化迈出了坚实的一步。

第3个阶段，开始广泛的高温超导电缆示范性工程建设。近10年来，美国、德国、日本、韩国、中国等国家相继开展了多个关于高温超导电缆示范性工程项目。高温超导电缆已基本完成实验室验证阶段,逐步开始进入实际应用,朝着实用化的方向发展。

近年来,超导电缆研究在前期众多功能验证示范工程的基础上,全球范围内先后涌现多个高温超导电缆示范项目。

(1) 美国超导电缆现状

2000年1月,由美国能源部经费支持,Southwire公司牵头,橡树岭国家实验室等单位参与研制的30m、三相、12.5kV/1.25kA冷绝缘高温超导电缆在Southwire公司厂区电网并网运行,成为世界上第一组实际挂网运行的超导电缆,标志着超导电缆在实际输电线路示范性应用的开始。图2-2所示为Southwire研制的30m、三相、12.5kV/1.25kA冷绝缘高温超导电缆。

图2-2 Southwire研制的30m、三相、12.5kV/1.25kA冷绝缘高温超导电缆

2018年10月,ComEd、美国国土安全部和美国超导公司(AMSC)达成协议,拟在芝加哥市建设总长度约为2.66km的12kV/62MVA三相同轴电缆。该电缆采用AMSC的第二代高温超导带材制作,安装于地下电网,集成了限制故障电流的功能,提升了电网的输电容量,加强了电网安全性能和可靠性能。

(2) 欧洲超导电缆现状

2001年5月,由丹麦NKT公司牵头,丹麦技术大学、Risø国家实验室、丹麦能源协会等共同参与研制的一组30m、三相分立、30kV/2kA常温绝缘超导电缆在丹麦哥本哈根能源公司AMK变电站实现挂网运行。这是世界上第二个示范性超导电缆输电线路,如图2-3所示。

2011年,在欧洲AmpaCity项目支持下,Nexans公司制造出首条1km、10kV/2.4kA三相同轴超导电缆,并在德国埃森市开展示范应用,连接两个中压公交变电站以取代传统的110kV电缆。该超导电缆线路集成了电阻型超导故障电流限制器,并于2014年4月开始正式供电。这是目前国际上唯一的一个三相同轴超导电缆并网运行实例,如图2-4所示。

图 2-3　丹麦研制的世界上第二个
示范性超导电缆输电线路

图 2-4　德国研制的 1km、10kV/2.4kA
三相同轴超导电缆

目前，丹麦 Alliander 能源公司、Ultera 和代尔夫特理工大学（Technische Universiteit Delft）计划在 Alliander 的电网上安装一根 6km 的三相同轴高温超导电缆，以此展示超导电缆在实际电网中的优异性能。

（3）日本超导电缆现状

2002 年，住友电工（SEI）和东京电力公司（TEPCO）合作完成了一组 100m、三相、66kV/1kA 电缆系统，并且在东京电力公司试验场进行了一系列测试，超导电缆铺设情况如图 2-5 所示。这组超导电缆体现了较高的制造技术，开创了三芯一体超导电缆的先河。

图 2-5　住友电工和东京电力公司铺设的 100m、三相、66kV/1kA 电缆

2010 年，日本中部大学完成 200m、20kV/2kA 直流铋系高温超导电缆研制，2015 年 10 月又与 SEI 等企业合作，成功地在光伏电站与网络数据中心之间采用两组长度分别为 500m 和 1000m 的超导直流电缆输电。其中影响力较大的是日本横滨超导电缆项目。该项目由日本经济产业省（METI）和新能源产业的技术综合开发机构（NEDO）资助，由 TEPCO 和 SEI 合作开发。超导电缆采用电压等级为 66kV 的三芯一体结构，传输容量为 200MVA，长度为 250m，是日本第一根实际挂网运行的超导电缆，并于 2012 年 10 月在 Asahi 变电站正式挂网运行，为 70000 家用户

提供了一年多的无间断供电。该超导线路后续更换了前川（Mayekawa）的布雷顿循环制冷机，提高了制冷系统的冷却效率，进一步提高了电缆的商业价值。

（4）韩国超导电缆现状

在韩国，韩国电力公司（KEPCO）针对高温超导电缆在电网中的应用先后开展了多个超导电缆研究和示范项目。2005年，韩国电力公司在位于高敞郡的电力试验中心安装了一组100m、三相分立、22.9kV/2.5kA超导电缆，并进行了调试和运行研究，如图2-6所示。

2008年，韩国电力公司在知识经济部（MKE）的资助下，启动了22.9kV超导电缆示范工程项目。2011年，韩国电力公司与LS电缆公司、美国超导公司合作研制出一条417m、22.9kV/50MVA的三相交流钇系高温超导电缆，该电缆由一根267m和一根150m的三芯超导电缆连接而成。该线路安装在首尔市附近Icheon变电站，2011年

图2-6 韩国电力公司研制的100m、三相分立、22.9kV/2.5kA超导电缆

8月19日实现通电，瞬时输送容量超过35MVA，韩国期望通过该线路对超导电缆的性价比进行评估。2011年，韩国又启动济州岛超导电缆示范工程项目，进行了80kV直流超导电缆和154kV交流超导电缆的示范应用，由LS电缆公司开发超导电缆，韩国电工技术研究所（KERI）负责超导电缆的系统研究。其中的500m、80kV、3125A超导直流电缆于2014年开始运行，1km、154kV、2250A交流超导电缆于2016年开始运行。

2.3 国内技术发展现状和趋势

我国自"九五"以来，便开展了高温超导电缆的研究。2004年4月19日，云南电力和北京英纳超导技术有限公司研发的我国第一组、世界第三组并网运行的室温绝缘层高温超导电缆在昆明普吉变电站投入运行，电缆长度为33.5m，额定电压为35kV，额定电流为2kA，导体采用液氮循环冷却，如图2-7所示。2011年，由于电缆制冷系统达到设计使用寿命而停止运行。

图2-7 昆明普吉变电站超导电缆

2004年底，中国科学院电工研究所、甘肃长通电缆科技股份有限公司、中国科学院理化技术所等单位共同研制出75m、10kV/1.5kA/22MVA三相交流超导电缆并在甘肃白银投入运行，如图2-8所示，其制冷系统采用单相密闭液氮流程循环冷却方式。2012年中国科学院电工研究所与河南中孚实业股份有限公司合作在河南巩义实现了针对电解铝大电流应用的360m、10kA高温超导直流输电电缆运行。

2013年12月，上海电缆研究所研制出中国首条投入使用的50m、35kV/2kA冷绝缘高温超导电缆，该电缆为宝钢二炼钢车间电弧炉独立供电，电缆的最大瞬时负荷电流为2.2kA，如图2-9所示。

图2-8 中国研制的75m、10kV/1.5kA/22MVA三相交流超导电缆

图2-9 中国首条投入实际线路的冷绝缘高温超导电缆系统

近年来，随着国内外高温超导输电技术的不断进步，不少国内企业也开始进入超导电缆的研发与生产领域。2017年7月，天津富通集团通过与日本昭和电缆合作，在厂区内建了一条100m、35kV/1kA的三相电缆，并实现示范运行；江苏中天集团联合华北电力大学等研究机构，建设了超导电缆系统的生产线；江苏永鼎集团在第二代超导带材研发的基础上，也建立了超导电缆的技术研发团队，并具备了相应的生产能力。

近年来，南方电网公司在超导输电技术方面的研究方兴未艾，目前正在建设面向深圳平安大厦负荷中心供电的10kV三相同轴超导电缆项目。

中国电力科学研究院有限公司在超导输电技术方面具有长期技术积累，开展了公里级110kV冷绝缘高温超导电缆输电关键技术研究，如图2-10所示。其在超导电缆结构优化设计、运行状态分析、稳定性、电缆系统并网规划以及运行维护等方面取得了丰硕的研究成果，建设了国际领先的超导电缆临界电流、交流损耗、低温高压绝缘、短路冲击和运行仿真的综合性能试验平台，支持和推动了国内超导电缆示范工程的建设。2019年，我国上海市开始建设国内首条1.2km、35kV/2200A的三芯一体高温超导输电示范应用工程，该电缆在上海市徐汇区连接两个变电站，代替现有的4回35kV常规电缆馈线。

超导电缆国内外工程和研究现状见表2-1。

图 2-10 中国电力科学研究院有限公司研制的 9m、110kV/2kA 超导电缆系统

表 2-1 超导电缆国内外工程和研究现状

国家	研制单位	主要参数	时间	进展情况	电缆类型
美国	Southwire 公司等	30m、12.5kV/1.25kA	2000.01	美国 Southwire 公司场区并网运行	三相分立
美国	Ultera	200m、13.5kV/3kA	2006.07	接入俄亥俄州哥伦布 Bixby 变电站试验	三相同轴
美国	Superpower、BOC 等	350m、34.5kV/0.8kA	2007.07	纽约州 Albany 挂网运行	三芯一体
美国	美国超导公司	600m、138kV/2.4kA	2008.04	纽约州长岛并网运行	三相分立
美国	ComEd、美国超导公司等	2.66km、12kV/62MVA	2018.10	计划安装于芝加哥市	三相同轴
日本	SEI、TEPCO	100m、66kV/1kA	2002	在东京电力公司试验场测试	三芯一体
日本	古河电力、中部电力公司等	500m、77kV/1kA	2004.04	在横须贺电力测试试验场进行了测试	三相分立
日本	古河电力公司	30m、275kV/3kA	2009	在 Asahi 变电站挂网运行	三芯一体
日本	TEPCO、SEI	250m、66kV/200MVA	2012	在 Asahi 变电站挂网运行	三芯一体
韩国	韩国电力公司	100m、22.9kV/2.5kA	2005	安装于高敞郡电力试验中心	三相分立
韩国	韩国电力公司和 LS 电缆公司等	417m、22.9kV/50MVA	2011	安装于首尔市附近 Icheon 变电站	三芯一体
韩国	LS 电缆公司和韩国电工技术研究所	500m、80kV/3.125kA	2014	安装于韩国济州岛	三芯一体
韩国	LS 电缆公司和韩国电工技术研究所	1km、154kV/2.25kA	2016	安装于韩国济州岛	三芯一体
德国	Nexans、卡尔斯鲁厄理工学院等	1km、10kV/2.4kA	2014.04	在德国埃森市挂网运行	三相同轴
俄罗斯	俄罗斯电缆工业研究所	30m、20kV/1.5/2kA	2009	在实验室进行了测试	三相分立

9

(续)

国家	研制单位	主要参数	时间	进展情况	电缆类型
俄罗斯	俄罗斯电缆工业研究所、莫斯科航空学院等	200m、20kV/1.5/2kA	2010	在俄罗斯电力工程研究中心进行系统测试	三相分立
俄罗斯	俄罗斯电缆工业研究所	10m、1kV/2MVA	2017	在交直流条件下进行了测试	三相同轴
俄罗斯	俄罗斯电缆工业研究所	4m、1kV	2017	在交直流条件下进行了测试	三相同轴
丹麦	NKT、丹麦技术大学等	30m、30kV/2kA	2001.05	哥本哈根能源公司AMK变电站挂网运行	三相分立
中国	云南电力和北京英纳超导技术有限公司	33.5m、35kV/2kA	2004.04	在昆明普吉变电站并网运行	三相分立
中国	中国科学院电工研究所等	75m、10kV/1.5kA/22MVA	2004	在甘肃白银通过系统检测	三相分立
中国	上海电缆研究所	50m、35kV/2kA	2013.12	宝钢二炼钢车间电弧炉独立供电	三相分立
中国	天津富通集团和日本昭和电缆	100m、35kV/1kA	2017.07	在天津富通集团厂区实现运行	三相分立

2.4 10kV/1kA 二分型三相同轴超导电缆技术

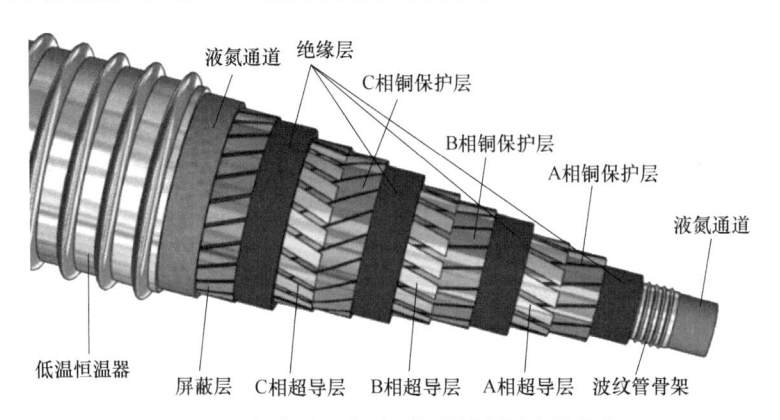

（1）紧凑型二分型三相同轴超导电缆介绍

紧凑型二分型三相同轴超导电缆采用 A、B、C 三相相互嵌套的结构，主要由波纹管骨架、超导层、绝缘层、铜保护层、低温恒温器等组成。其中，液氮作为冷却工质在波纹管中心和低温恒温器内循环流动以维持高温超导电缆的正常工作温度。本节设计了规格为 10kV/1kA 的三相同轴超导电缆，并重点验证了电缆的额定载流能力，故障下电缆的热稳定性、三相电流平衡和屏蔽层电流最小等技术参数。图 2-11 所示为紧凑型二分型三相同轴超导电缆结构。

图 2-11 紧凑型二分型三相同轴超导电缆结构

为减少三相电流分布的不平衡度，可将C相导体层和屏蔽层分成半径相同、绕组方向和扭曲节距不同的两段。三相同轴超导电缆C相二分型结构简图如图2-12所示。

在确定了三相同轴超导电缆正常工作时的额定电流、额定电压、超导带材参数和绝缘材料参数后，通过计算得到电缆的基本结构参数，见表2-2，样缆照片如图2-13所示。

图 2-12　三相同轴超导电缆 C 相二分型结构简图

表 2-2　超导电缆结构参数

电缆结构	参数	数值
超导层	最小带材根数	13
	A 相超导层直径	23.8mm
	带材间隙	1mm
	最小绕制节距	100mm
	最大绕制节距	450mm
绝缘层	内绝缘厚度	1.8mm
	A-B 相间绝缘厚度	2.1mm
	B-C 相间绝缘厚度	2.1mm
	外绝缘厚度	2.2mm
铜保护层	铜保护层截面积	100mm^2

a) 电缆截面照片　　　　b) 电缆整体照片

图 2-13　样缆照片

（2）超导电缆稳态仿真特性

通过 MATLAB 和 ANSYS 软件的联合仿真，建立二分型三相同轴高温超导电缆的运行特性仿真系统。使用 MATLAB/Simulink 建立超导电缆的稳态运行仿真系统模型的主体，如图 2-14 所示。

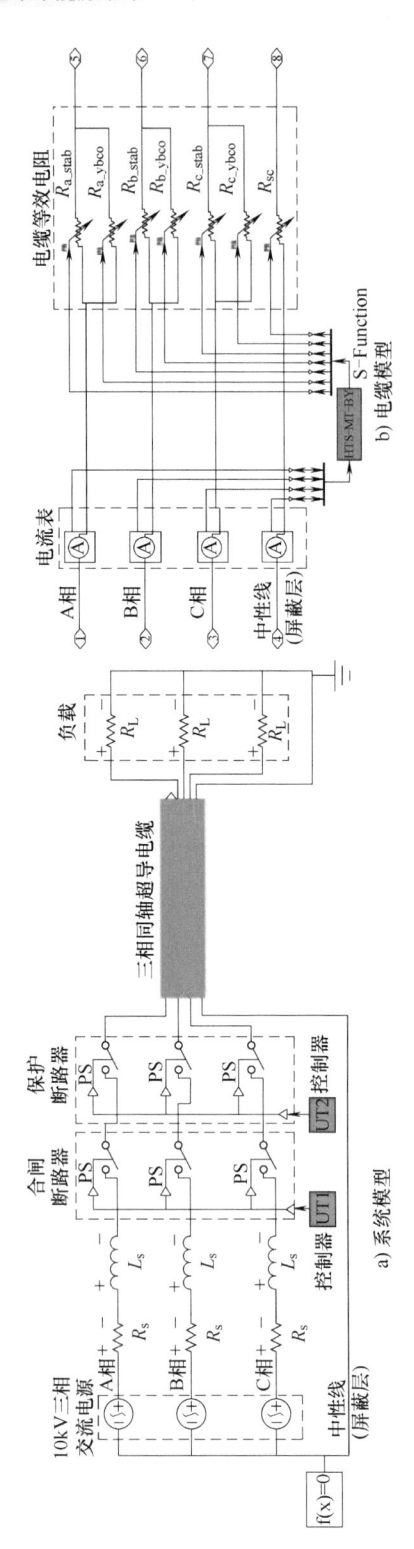

图 2-14 超导电缆的稳态运行仿真系统模型

该系统模型由10kV三相交流电源、保护断路器、合闸断路器、超导电缆、负载和控制器组成。结合实际输电线路调整线路电阻、线路电感和负载电阻的值,使得上述系统的稳态运行电流为1kA。

二分型三相同轴高温超导电缆模型的具体构造包括电流表、可变电阻和S-Function。R_{a_stab}、R_{b_stab} 和 R_{c_stab} 分别为A相、B相和C相的铜稳定层电阻;R_{a_ybco}、R_{b_ybco} 和 R_{c_ybco} 分别为A相、B相和C相的钇钡铜氧化物(YBCO)超导层电阻;R_{sc} 为电缆中性线(屏蔽层)的电阻。

超导电缆稳态运行电流分布如图2-15所示。在超导电缆稳态运行过程中,超导带材处于无阻态,且电流全部从YBCO超导层流过。超导电缆各相的等效电阻为零,只产生少量的交流损耗。超导电缆开始运行时,伴随着产热、热扩散和对流换热,其温度分布不稳定,在经过1200s的运行后,温度达到热稳定状态。

图2-16所示为稳态运行时超导电缆各相温度变化。A相、B相和C相的温度分别为70.09K、70.087K和70.048K。交流损耗值越大,会使得温升越高。因此,A相的温度最高,C相的温度最低。

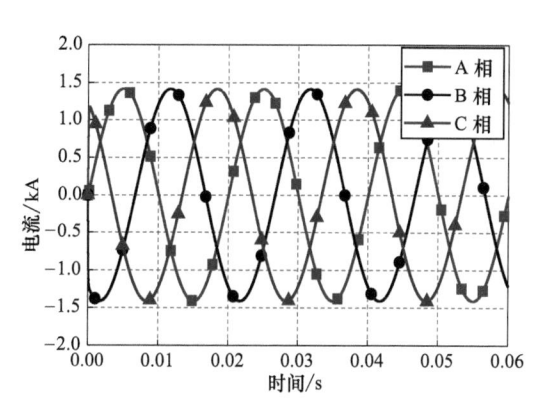

图2-15 超导电缆稳态运行电流分布

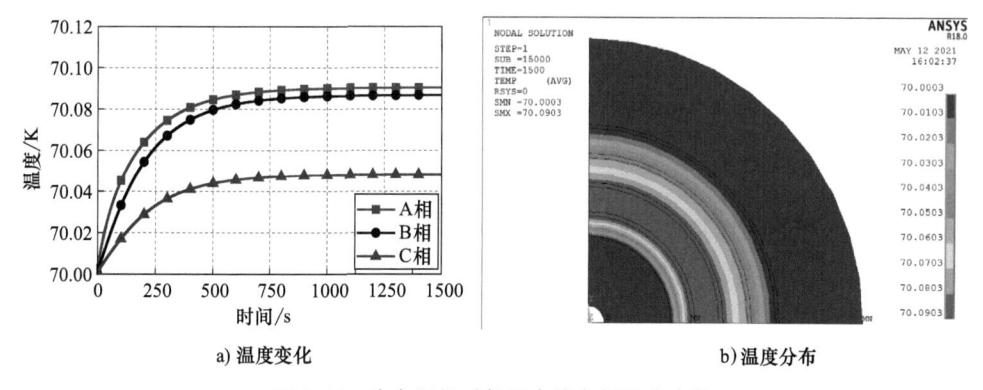

a) 温度变化　　　　　　　　　　b) 温度分布

图2-16 稳态运行时超导电缆各相温度变化

超导带材的垂直磁场分量和平行磁场分量会对其临界电流产生影响。通过对电缆磁场计算结果的处理,得到磁场分布对带材临界电流的影响,以及电缆各相单根带材的临界电流值。如图2-17所示,单根带材在温度为70K时自场下的临界电流为213A,临界电流随时间呈现周期性变化,相位差为120°。各相带材根数不同,使通过各相单根带材的电流不一样,从而产生不同的磁场,各相磁场相互影响,造成各相临界电流值有所区别。

(3) 超导电缆暂态仿真特性

结合实际输电线路调整线路电阻、线路电感和负载电阻的值,使得系统的稳态运行电流为1kA,短路故障电流为15kA。仿真的超导电缆长度为5m。

以故障情况最严重的三相短路故障为例,开展暂态运行特性研究。

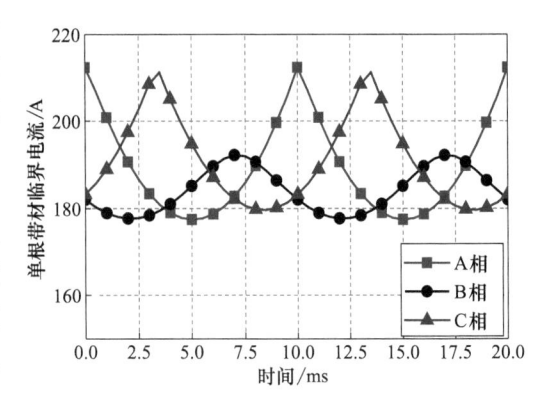

图 2-17 磁场对单根带材临界电流的影响

如图2-18所示,系统进入A相、B相和C相同时短路故障时,电流从1kA迅速增加到15kA。在短路故障电流下,电缆各相进入失超状态,等效电阻快速增加。

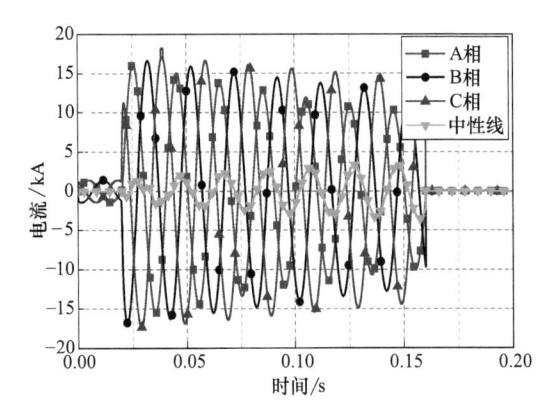

图 2-18 三相短路故障下超导电缆的电流分布

如图2-19所示,A相、B相和C相的等效电阻越高,对电流的限制越强,其最大电流值分别为11.46kA、11.79kA和12.12kA。三相电流的不对称度随故障运行时间增加,使中性线电流变大,最大为2.47kA。

在故障电流持续的时间内,超导电缆各相温度逐渐升高,如图2-20所示。A相温度最高,C相温度最低。温度越高,超导带材的铜稳定层电阻率越高。A相、B相、C相和中性线的最大温度分别约为153.1K、127.6K、109.8K和

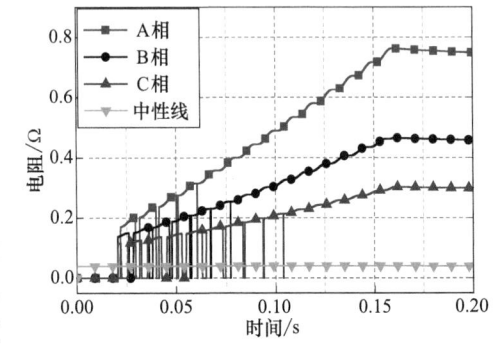

图 2-19 三相短路故障下超导电缆的电阻分布

70.05K。超导带材在温度为 70K 时自场下的临界电流为 213A。当 A 相、B 相和 C 相同时短路时，A 相温度增加最快，其带材临界电流降低也最快。

当各相温度达到 92K 时，带材临界电流变为零。单根带材的临界电流变化情况如图 2-21 所示。

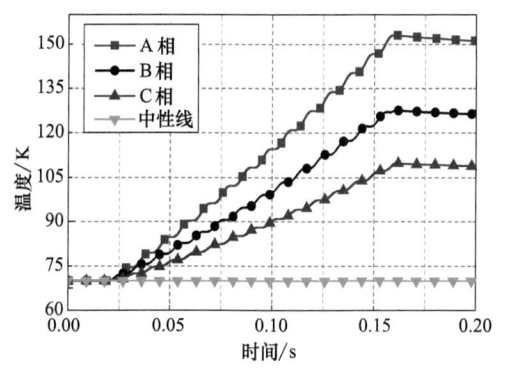

图 2-20　三相短路故障下超导电缆的温度分布

图 2-21　三相短路故障下超导电缆中单根带材的临界电流变化情况

在不同短路故障条件下，对 10kV/1kA 三相同轴高温超导电缆进行 15kA、持续 0.14s 的故障电流冲击，得到电缆各相和中性线的温度最大值、电阻最大值和电流的最大有效值，见表 2-3。

表 2-3　不同短路故障下超导电缆暂态运行特性参数表

短路相	温度最大值/K				电阻最大值/Ω				电流最大有效值/kA			
	A 相	B 相	C 相	中性线	A 相	B 相	C 相	中性线	A 相	B 相	C 相	中性线
无故障	70	70	70	0	0	0	0	0.04	1	1	1	0
A	146.6	70	70	70.64	0.72	0	0	0.041	11	1.01	1.02	9.58
B	70	120	70	70.8	0	0.42	0	0.041	1.03	11.4	1.02	10.6
C	70	70	96.8	71.1	0	0	0.24	0.041	1.02	1.04	12.8	11.9
A/B	150.9	124.2	70	70.62	0.75	0.45	0	0.041	11.3	115	1.04	9.37
B/C	70	124.4	99.7	70.83	0	0.45	0.26	0.041	1.04	11.8	12.8	11.8
A/C	148.5	70	101.2	70.87	0.73	0	0.26	0.041	11.2	1.05	12.8	11.9
A/B/C	153.1	127.6	109.8	70.05	0.76	0.47	0.30	0.04	11.5	11.8	12.1	2.47

结果表明，三相同时短路时，故障电流比单相和两相短路时大，且中性线的电流小，电力系统不对称运行度低。三相同时短路时，各相的等效电阻相对最大；单相短路时，各相的等效电阻相对最小。在不同的短路工况下，电缆各相通过电流和等效电阻不同，使其产热和温升也有差别。三相同时短路时，温升相对最大；单相短路时，温升相对最小。通过以上数据的分析对比，可知三相同时短路时对电缆造

（4）超导电缆运行性能试验研究

为了掌握二分型三相同轴超导电缆在并网工况下的运行技术，在国网江苏省电力有限公司电力科学研究院搭建了三相同轴超导电缆10kV并网运行试验系统，实现了超导电缆在73K温度下的闭环低温运行，并进行三相额定稳态通流测试和三相不对称故障测试，顺利完成10kV模拟并网运行试验，试验现场如图2-22所示。试验结果证明，二分型三相同轴超导电缆具备10kV并网能力，电力传输介质为零电阻，电能传输损耗接近于零，最大输送功率为11MW，具备一根常规110kV电缆的电量输送能力，从而实现了电能的大容量高质量传输。为我国三相同轴超导输电技术的研发和试验示范应用奠定了理论和应用基础。

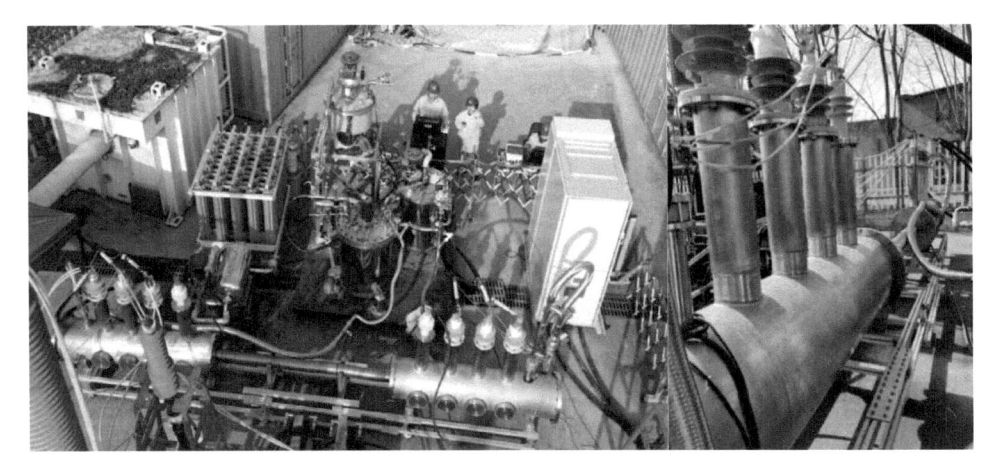

图2-22 超导电缆10kV模拟并网运行试验现场

1) 高压绝缘试验。

工频耐压试验结果见表2-4，雷电冲击试验结果见表2-5。

表2-4 工频耐压试验结果

测量内容	试验电压	电压频率	耐压时间	试验结果
A 相	15kV	50Hz	30min	合格
B 相	26kV	50Hz	30min	合格
C 相	15kV	50Hz	30min	合格

表2-5 雷电冲击试验结果

测量内容	试验电压	试验标准要求	结论
A 相	75kV	75kV 标准全波雷电冲击,正负极性各10次,无击穿、无闪络	合格
B 相	75kV	75kV 标准全波雷电冲击,正负极性各10次,无击穿、无闪络	合格
C 相	75kV	75kV 标准全波雷电冲击,正负极性各10次,无击穿、无闪络	合格

2）临界电流试验。

图 2-23 给出了三相通电导体的临界电流测试曲线，为保证导体的安全性，测试仅取约 $0.1\mu V/cm$。根据测试结果，在 $E=0.1\mu V/cm$ 时，A、B、C 三相导体的电流分别对应 1787A、2117A 和 2415A，其差别主要源于各层所处位置磁场对带材临界电流的影响以及带材的数量。根据设计参数，A、B、C 三相导体层所用带材数量分别为 13 根、18 根和 23 根。

a) A相临界电流测试曲线

b) B相临界电流测试曲线

c) C相临界电流测试曲线

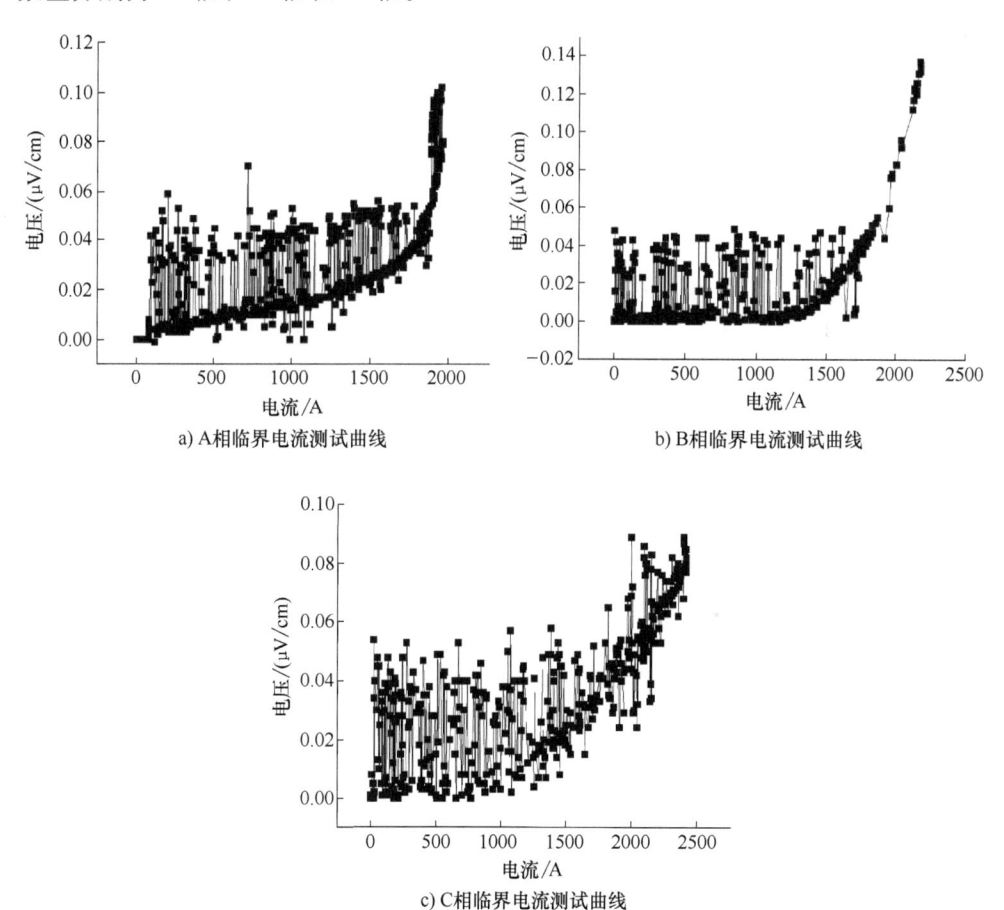

图 2-23 通电导体临界电流测试曲线

3）交流损耗试验。

运行工况：三相同轴超导电缆分别通有有效值为 200A、400A、600A、800A、1000A 的电流，测量通流损耗。

图 2-24 所示为不同工况下的各相通流损耗测量值。A 相通流损耗最大，在通流 1000A 时为 1.4W/m，B 相为 0.65W/m，C 相为 0.78W/m，这是因为 A 相超导层带材根数相比于 B、C 相较少，单根带材电流大，产生的磁场较强，因此交流损耗最大。

图 2-25 所示为不同工况下的通流损耗仿真值和测量值对比。以工况为 1000A 为例，实际测量通流损耗值为 2.85W/m，仿真通流损耗值为 2.23W/m，实测值比仿真值大，因为通流损耗仿真只计算了超导层的磁滞损耗和铜保护层的分流热损耗，实际环境中超导层会有一些耦合损耗等，焊接电阻也会有一定的损耗。

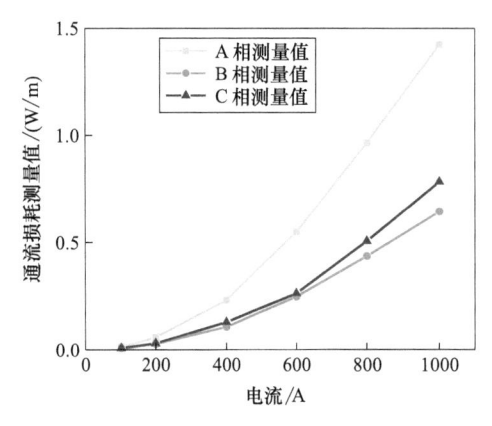

图 2-24 不同工况下的各相通流损耗测量值

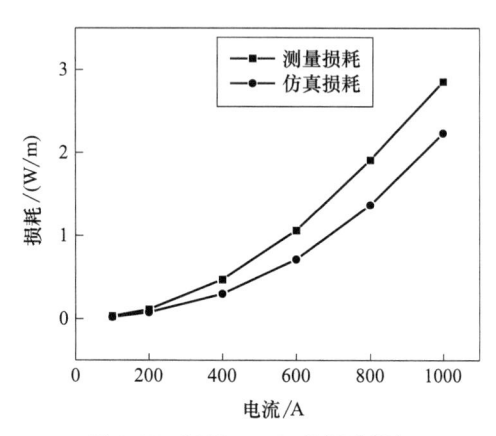

图 2-25 不同工况下的通流损耗仿真值和测量值对比

4）稳态通流试验。

为了验证三相电流不平衡度优化方法的正确性，对电缆进行稳态通流试验。运行工况为 10kV/1kA，通流时间为 15min。

电缆稳态通流的试验结果如图 2-26 所示。

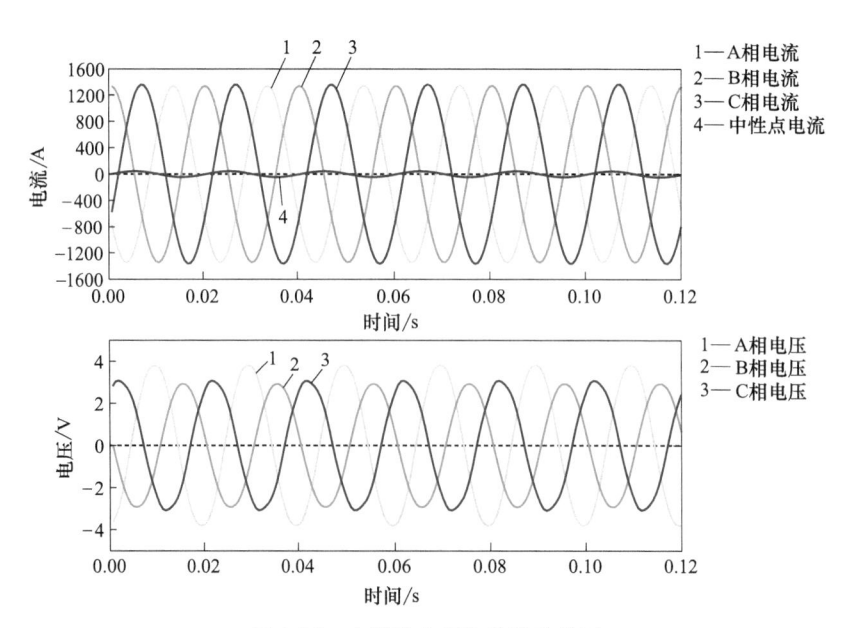

图 2-26 电缆稳态通流的试验结果

A、B、C 三相电流均为正弦波，三相电流最大幅值偏差为 20A，最大相位偏差为 1.76°，屏蔽层电流有效值为 31.54A。三相电流不平衡度为 4.1%，满足三相电流不平衡度小于 5% 的设计要求。

三相电流不平衡度实际值与仿真值有一定的偏差，这是因为在电缆绕制的过程中，由于制作工艺问题，实际绕制参数与设计值有差异。

5）不对称故障通流试验。

三相同轴超导电缆因三相之间相互耦合，特别是在三相导体流经不平衡电流时的耦合关系更加复杂，所以进行了三相不对称故障试验来研究三相同轴超导电缆在三相电流不平衡情况下的运行特性。不对称试验工况的三相电流分别为 0A、600A、1000A。

不对称故障通流试验结果如图 2-27 所示。

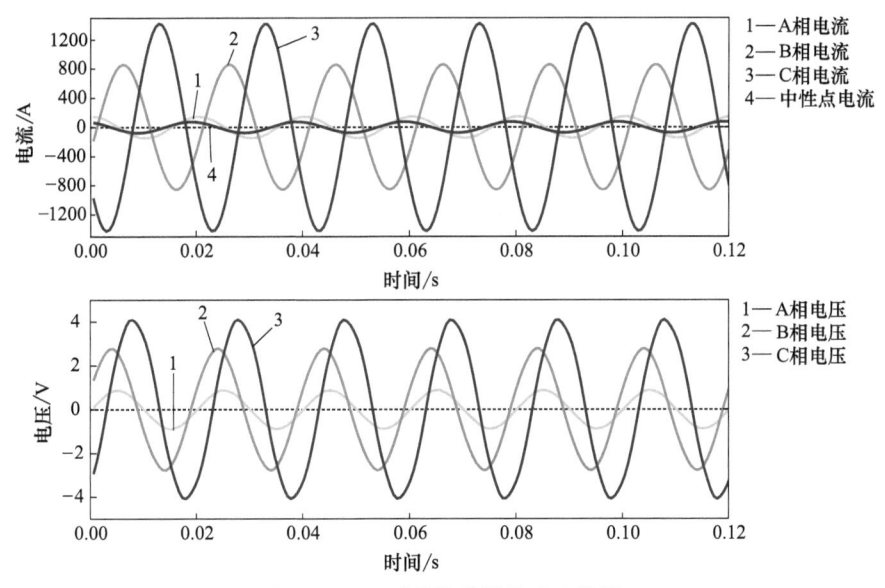

图 2-27 不对称故障通流试验结果

从图 2-27 中可以看出，在电源系统没有给 A 相升流的情况下，A 相仍感应出幅值约 150A 的电流。此时屏蔽层电流幅值为 74.68A。由于三相耦合紧密，即使一相电源电压为 0，另外两相导体层也会在该相导体层感应出有效值约 100A 的电流，并且该相感应电压相位与实际电压相位相差约 180°，使三相电压不平衡度增大；三相电流不对称会引起电缆屏蔽层电流增加，屏蔽层电流最大幅值为 108.7A，是稳态时的 2.4 倍，损耗是原来的 6 倍。

参考文献

[1] MASUDA T, YUMURA H, WATANABE M, et al. Fabrication and installation results for Alba-

ny HTS cable [J]. IEEE Transactions on Applied Superconductivity, 2007, 17 (02): 1648-1651.

[2] DEMKO J A, SAUERS I, JAMES D R, et al. Triaxial HTS cable for the AEP Bixby project [J]. IEEE Transactions on Applied Superconductivity, 2007, 17 (02): 2047-2050.

[3] MAGUIRE J F, YUAN J, ROMANOSKY W, et al. Progress and status of a 2G HTS power cable to be installed in the Long Island Power Authority (LIPA) Grid [J]. IEEE Transactions on Applied Superconductivity, 2011, 21 (03): 961-966.

[4] WILLÉN D, HANSEN F, DÄUMLING M, et al. First operation experiences from a 30kV, 104 MVA HTS power cable installed in a utility substation [J]. Physica C: Superconductivity and its Applications, 2002, 372: 1571-1579.

[5] STEMMLE M, MERSCHEL F, NOE M, et al. AmpaCity-Advanced superconducting medium voltage system for urban area power supply [C]. 2014 IEEE PES T&D Conference and Exposition, 2014: 1-5.

[6] SYTNIKOV V E, VYSOTSKY V S, FETISOV S S, et al. Cryogenic and electrical test results of 30m HTS power cable [C]. The Cryogenic Engineering Conference, 2010, 1218 (01): 461-468.

[7] SYTNIKOV V E, VYSOTSKY V S, RYCHAGOV A V, et al. 30 m HTS Power Cable Development and Witness Sample Test [J]. IEEE Transactions on Applied Superconductivity, 2009, 19 (03): 1702-1705.

[8] FETISOV S S, ZUBKO V V, ZANEGIN S Y, et al. Study of the first russian triaxial HTS cable prototypes [J]. IEEE Transactions on Applied Superconductivity, 2017, 27 (04): 1-5.

[9] MASUDA T, ASHIBE Y, WATANABE M, et al. Development of a 100m, 3-core, 114 MVA HTSC cable system [J]. Physica C: Superconductivity and its Applications, 2002, 372: 1580-1584.

[10] HONJO S, MIMURA T, KITOH Y, et al. Status of superconducting cable demonstration project in Japan [J]. IEEE Transactions on Applied Superconductivity, 2011, 21 (03): 967-971.

[11] YAMAGUCHI S, IVANOV Y, SUN J, et al. Experiment of the 200-Meter superconducting DC transmission power cable in Chubu University [J]. Physics Procedia, 2012, 36: 1131-1136.

[12] NAKANO T, MARUYAMA O, HONJO S, et al. Long-term operating characteristics of Japan's first in-grid HTS power cable [J]. Physica C: Superconductivity and its Applications, 2015, 518: 126-129.

[13] 魏东, 宗曦华, 徐操, 等. 35kV 2000 A 低温绝缘高温超导电力电缆示范工程 [J]. 电线电缆, 2015 (01): 1-3.

[14] 国网上海电力. 国内首条35千伏公里级高温超导电缆工程试拉试验获得成功 [EB/OL]. (2020-10-23) [2021-04-14]. https://shupeidian.bjx.com.cn/html/20201023/1111564.shtml.

[15] 李鹏飞. 10kV/2.3kA 三相同轴高温超导电缆设计与动态热特性分析 [D]. 武汉: 华中科技大学, 2019.

第3章 超导限流器

3.1 工作原理

超导限流器的原理是将超导单元与传输线路串联,因为超导单元的电阻几乎为零,在正常运行时,其对系统的运行没有任何影响。发生故障时,在故障大电流冲击下,超导单元快速失超转变到失超态,限制故障电流。一旦故障消除,超导单元恢复后将继续承载系统的正常电流。

从不同的侧重点出发,超导限流器可以有多种分类形式。从超导限流器的通流/限流元件的阻抗性质来分,可分为电阻型和电感型两类。常见的电感型超导限流器有饱和铁心型、磁屏蔽型和桥路型。

电阻型超导限流器最直接地利用了超导材料在超导态时电阻为零,而在失超后具有一定电阻的特性。把一个超导元件串联在输电线路中就构成了一个最简单的限流器。如图 3-1 所示,在电路正常输电时,超导元件处于超导态,电阻为零。当线路发生短路故障时,超过超导元件临界电流的故障电流会使其失超,产生一个电阻,整个限流器成为高阻抗状态,抑制短路电流的水平。

饱和铁心型超导限流器利用超导材料零电阻和载流密度大的特性,使用超导绕组可以大强度、低损耗地对电抗器铁心励磁,通过改变铁心的磁化状态来实现限流器的通流/限流元件阻抗的变化。图 3-2 所示为饱和铁心型超导限流器的基本结构示意图。图中每一相有两个完全相同的磁性铁心,每个铁心上面套装一个常规绕组,两个常规绕组按一定的方式连接组成限流器的通流/限流元件。在两个铁心靠近的一对铁心柱上环绕一个超导绕组,可以同时对两个铁心励磁。当线路正常输电时,超导绕组将铁心磁化到深度饱和状态,这时两个常规绕组环绕的铁心内部磁通密度的时间变化率很小,

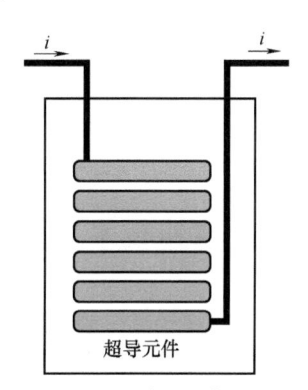

图 3-1 电阻型超导限流器结构

所以绕组两端的电压降很小，即整个限流元件的阻抗很小。当线路发生短路故障时，短路电流产生的交流励磁安匝数将超过超导绕组的直流励磁安匝数，铁心将无法一直保持饱和状态，其内的磁通密度的时间变化率急速增加，导致常规绕组上的电压降大大增加，体现在整个通流/限流元件上的阻抗也随之显著增大，从而抑制线路的短路电流水平。

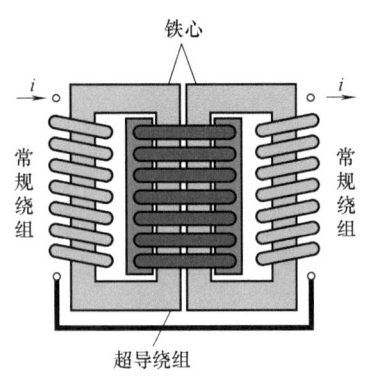

图 3-2 饱和铁心型超导限流器的基本结构示意图

磁屏蔽型超导限流器是利用超导材料的完全反磁性或超导材料在高于其临界磁场下会失超的特性设计、构建的限流器。图 3-3 所示为磁屏蔽型超导限流器结构示意图，由里至外分别为铁心、超导绕组和常规绕组。常规绕组串联在输电电路中，超导绕组两端短接后形成一个闭合的回路。正常输电时，由于处在超导态的超导绕组在任何时刻都会感应出一个与通过常规绕组的电流产生的磁场大小相等、方向相反的磁场，完全屏蔽了常规绕组产生的磁场对铁心的影响，铁心中的磁通密度变化率为零。这也就意味着常规绕组两端的电压降几乎为零，限流器处于低阻抗状态。当线路发生短路故障时，常规绕组里的电流很大，所产生的磁场远大于超导绕组的临界磁场，超导绕组失超后所能产生的反向磁场很小，不再能够抵消常规绕组的磁场。这时常规绕组产生的磁场与铁心耦合，铁心中的磁通密度变化率急剧增大，其两端的电压降也随之急剧增大，限流器处于高阻抗状态，限制短路电流的水平。超导圆筒的磁屏蔽和失超的原理也相同，具有与超导绕组相同的功能。

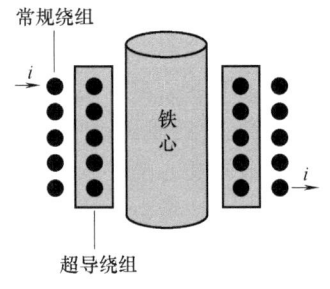

图 3-3 磁屏蔽型超导限流器结构示意图

几十年的研究与实践表明，基于传统材料与技术难于实现理想的限流器。利用超导技术制作的超导限流器可以打破传统限流器面临的困境，提高限流器的效率和可行性，很有发展前景。

3.2 国外技术发展现状和趋势

因为超导材料制备的复杂性，世界各国在高温超导限流器研究中呈现出相互合作又相互竞争的状态，下面主要从欧洲各国、美国、日韩及其他各国的研究状况进行论述。

（1）欧洲超导限流器现状

1996年，瑞士的ABB公司利用高温超导Bi-2212环作为屏蔽筒，成功研制出世界第一台挂网运行的1.2MVA三相屏蔽型超导限流器，安装在Loentsch水电站，进行了近两年的试验运行。如图3-4所示，超导限流元件以Bi块材或带材为主，还有YBCO薄膜和块材等。

图3-4 ABB公司研制的世界第一台高温超导限流器

2012年，在英国能源创新基金项目的支持下，英国应用超导公司领导研制并挂网运行了三台超导限流器。第一台为饱和铁心型超导限流器，安装在英国西北电力公司（ENW）的Bamber Bridge配电站挂网运行一年，如图3-5所示。

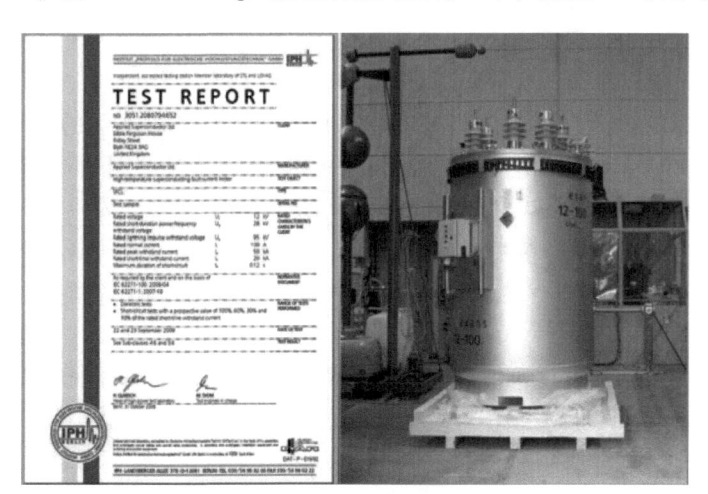

图3-5 英国第一台挂网运行的高温超导限流器

第二台11kV/400A电阻型高温超导限流器安装在苏格兰电力公司西部电网的Liverpool的配电站。第三台是由美国的Zenergy Power公司提供，级别为11kV/1250A，2012年7月挂入英国北方电网（这台限流器2011年3月在美国宾夕法尼亚州的KEMA电力测试站完成测试）。接着英国应用超导公司又在英国Low Carbon Network的资助下研制了第四台饱和铁心型超导限流器。相对于非超导限流器，高温超导限流器的研究涉及超导材料制备、低温系统、电力控制等多方面的技术，具有相当高的复杂性，因此，英国 ASL 与德国 Nexans 超导分公司、美国 Zenergy Power 公司在研制超导限流器方面都趋于相互合作，这在其他国家的研究中也是普遍的。

欧洲的另一个国家意大利在高温超导限流器的研究方面也非常积极。2009 年意大利开始了 RTD 项目，意大利能源和电力公司（RSE S.p.A）开始研发超导限流器，在 2012 年采用 Bi-2212 带材成功研制 9kV/3.4MVA 的三相电阻型超导限流器，并安装在米兰市区的电力用户 A2A 公司的 S.Dionigi 配电站，并网运行了两年，可将短路电流从 33kA 限制到 18kA。

相比德国、英国、意大利在高温超导限流器的研究，受限于 Bi 带材和 YBCO 涂层导体的制备技术，法国并未继续在此方面进行更多投入，只是在实验室内进行了小型样机的研制。例如法国国家科学研究中心采用 YBCO 块材研制了小型高温超导限流器样机等。而瑞士在 1996 年研发出第一台高温超导限流器之后，在 2002 年，瑞士 ABB 和德国西门子公司联合采用直径 20cm、长 8cm 的 Bi-2212 环研制了 100kW 的限流器，在 480V 运行时的故障电流为 8kA。在此基础上，2015 年 RSE 公司又采用第二代 YBCO 超导带材研制了 15.6MVA 的超导限流器，在同一变电站并网运行，2016 年完成了磁场测试。

（2）美国超导限流器现状

从 1993 年开始，美国 Lockheed Martin 公司就和 Los Alamos 国家实验室等合作研制桥路型 2.4kV/2.2kA 超导限流器。1995 年，该限流器在南加州爱迪生电站共进行了 6 周的试验运行，它的开断时间为 8ms，但没有进入实际的挂网运行。1999 年美国的 General Atomics 和美国超导公司用 Bi-2223 超导线材研制出 15kV/1.2kA 桥路型超导限流器，短路试验中的故障电流减小率达 80%。2010 年，在美国能源部的支持下，美国超导公司与德国西门子、Nexans 公司、加利福尼亚州爱迪生公司合作研制了 115kV/900A 电阻型超导限流器，短路开断电流到 63kA，由 63 个 YBCO 涂层导体绕制的超导线圈组成，为 115kV 变压器提供限流保护，如图 3-6 所示。同时美国 Zenergy Power 公司研制了 12kV/800A 的高温超导限流器，SuperPower 公司研制了 138kV 的超导限流器等。2014 年美国应用材料公司在纽约 Knapps Corner 变电站并网测试了 15kV/400A 的超导限流器系统，并运行一年。实际上，由于美国超导公司在超导第二代 YBCO 涂层导体上的突破，使其在超导限流器研究上占有绝对优势，它先后与

图 3-6　115kV/900A 电阻型超导限流器

德国、意大利、韩国、俄罗斯等国家合作，将YBCO带材出售给各国，带动了高温超导限流器在世界范围内的应用。

（3）日韩超导限流器现状

韩国和日本在超导限流器的研制上也一直紧紧抓住超导技术研究的这一领域。作为21世纪前沿科技研究与发展项目的一个方向，韩国从2001年就开始了超导限流器的研究。2002年和2004年延世大学分别研制了1.2kV/80A和6.6kV/200A的超导限流器。2005年，韩国电力公司采用YBCO薄膜研制了6.6kV的三相电阻型超导限流器，将10kA故障电流限制在900A以下，这些前期工作为韩国154kV的超导限流器研制打下了基础。韩国电力公司在2007年研发了22.9kV混合型高温超导限流器，并在韩国电力公司古昌电力测试中心进行了测试。2009年，在绿色电力网创新项目（GENI）的资助下，韩国电力公司采用YBCO涂层导体，研发了22.9kV/630A混合型超导限流器，在利川变电站挂网运行，如图3-7所示，而且从2011年7月开始研发154kV的超导限流器，准备在一台345kV/154kV变压器的母线上挂网运行。

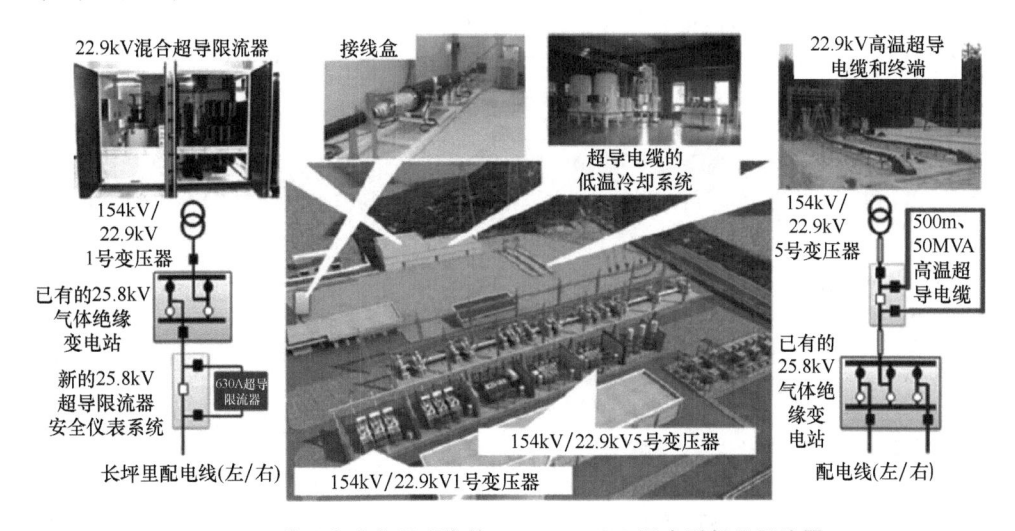

图3-7 韩国电力公司研发的22.9kV/630A混合型超导限流器

在日本国际贸易与工业部（MITI）和新能源产业的技术综合开发机构（NEDO）资助下，日本东北电力公司（TEP）、东京电力公司（TEPCO）、中央电力工业研究所（CRIEPT）、住友（Sumitomo）、三菱（Mitsubishi）、东芝（Toshiba）公司等相继从2000年开始超导限流器的研究。自2000—2004年，日本东芝电力公司采用Bi-2223带材研发了66kV/1kA的高温超导限流器。这个限流器的磁体电流为750A，绝缘电压为66kV。2007年，名古屋大学（Nagoya University）采用第一代Bi-2212带材研制了三相275V/6.25kVA的超导限流器，并且采用第二代YBCO涂层导体研制了三相6.6kV/100kVA超导限流器。由于YBCO带材的最大磁场的载流性能是 Bi-2212 带材的 100 倍，因此，在此之后高温超导限流器的线圈多采用第二代 YBCO 涂层导体。在日本经济贸易工业部的项目（FY2006-07）资助下，日本东芝公司研发了一台 6.6kV/600A 的三相超导限流器。

（4）其他国家超导限流器现状

除了上述介绍的美国、德国、英国等国家进行的超导限流器实际挂网应用实例外，俄罗斯、巴西、匈牙利、印度、波兰、澳大利亚、以色列等国家，也在实验室进行了高温超导限流器的研究。例如，俄罗斯库尔恰托夫研究所在 2012 年采用美国 SuperPower 公司生产的 SF12100 的 Bi-2223/Ag 带材，研制了 3.5kV/250A/1MVA 单相交流电阻型高温超导限流器，用电容器电池进行放电测试，短路后恢复时间为 75ms。同年，俄罗斯电子工程研究所采用第二代 YBCO 超导带材，研制出 3kV/300A 直流电阻型高温超导限流器，短路时间为 9ms。2019 年，俄罗斯 SuperOx 公司开发出额定电压为 220kV，额定电流为 1200A 的超导限流器，实物如图 3-8 所示。该装置配备有一个闭式循环低温冷却系统，液氮同时用作冷却介质和绝缘介质，并且使用了约 25km、12mm 宽的高性能第二代 YBCO 高温超导带材。这台 220kV HTS 超导限流器由俄罗斯 UNECO 电网公司委托，并在莫斯科的 Mnevniki 变电站投入电网永久运行。2020 年，该 HTS 超导限流器限制了四次短路电流，确认了其设计特征。如今，该设备是全球电网中运行最强大的超导限流器。

图 3-8 俄罗斯 2019 年运行的超导限流器

目前国外已挂网或正在挂网运行的超导限流器汇总见表 3-1。

表 3-1 国外已挂网或正在挂网运行的超导限流器汇总

国家开发商	地点和状态	电压/电流	运行时间	超导材料
瑞士 ABB	瑞士水电站，一年，世界上第一个 HT 超导限流器	10.5kV/70A/1.2MVA	1996 年	Bi-2212
德国 Nexans, ASL，英国 ENW/Scottish Power	利物浦变电站 英国第二家 HT 超导限流器	11kV/400A	2012 年	Bi-2212
美国 Zenergy Power, ASL	北方电网 英国第三家 HT 超导限流器	11kV/1250A	2012 年	Bi-2212

(续)

国家开发商	地点和状态	电压/电流	运行时间	超导材料
德国 Nexans	德国莱茵电力公司的北莱茵-威斯特法伦州电网,CURL 10 计划	10kV/10MVA	2004 年	Bi-2212
德国 Nexans,ASL,Vattenfall	英国兰开夏郡 Bamber Briddge 变电站	12kV/100A,50kA	2009—2010 年	Bi-2212
德国 Nexans,ASL,Vattenfall	德国萨克森 Boxberg 变电站	12kV/800A,63kA	2009—2010 年	Bi-2212
德国 Nexans,KIT,CDUT	德国萨克森 Boxberg 变电站	12kV/560A	2012 年	YBCO
德国西门子,奥格斯堡市政能源公司	德国奥格斯堡协助项目	817A/15MVA	2015 年	YBCO
德国 Nexans,KIT,CDUT	德国及当地机构	10kV/815A	2016 年	YBCO
美国 Zenergy Power	山丁,阿凡提变电站,洛杉矶,两年运营,南加州爱迪生经营	13kV/1200A	2009—2010 年	Bi-2212
美国 Zenergy Power	俄亥俄州 TIDD 变电站	三相饱和铁心型	2011—2012 年	Bi-2212
美国 Applied Materials,Inc,three-CE,Super Power	纽约克纳普斯角变电站	110kV/400A	2014 年	YBCO
韩国(KERI)	利川变电站	22.9kV	2012 年	YBCO
韩国(KERI)	高昌电力检测中心	154kV/2kA	2014 年	YBCO
意大利(RSE S.p.A)	意大利圣迪奥吉变电站	9kV/3.4MVA	2010 年	Bi-2212
意大利(RSE S.p.A)	米兰中压配电网	15.6MVA	2012 年	YBCO
意大利(RSE S.p.A)	意大利出馈线	9kV/1kA	2016 年	YBCO
泰国 AMAT	泰国 the Glow Energy 电网	115kV/900A	2016 年	YBCO
俄罗斯 SuperOx 公司	莫斯科高压 Mnevniki 变电站	220kV/1200A	2019 年	YBCO

3.3 国内技术发展现状和趋势

我国对故障限流技术的研究起步并不晚,并正在向实用化方向发展。基于不同的高温超导材料及限流器模式,已有较多不同设计的高温超导限流器得到了初步实用化的研究和开发,形成了工业化产品的雏形。

2005 年,中国科学院电工研究所在湖南娄底高溪变电站挂网运行了一台 10.5kV/1.5kA 高温超导限流器,它由 3 个相对独立的高温超导线圈系统组成,线圈采用 Bi-2223 带材,故障电流限制率为 80%。2011 年进行了低温杜瓦改造后,迁至甘肃白银超导变电站再次运行。

2008年，北京云电英纳超导公司与云南电网公司合作，采用Bi系线圈研制了35kV/90MVA饱和铁心型超导限流器，在昆明供电局35kV普吉变电站挂网试运行，并且安装了超导电缆与限流器同时运行。2012年在天津石各庄变电站又挂网运行了220kV/800A饱和铁心型超导限流器，如图3-9所示。2014年北京云电英纳超导公司在南方电网的资助下开始研制500kV的饱和铁心型超导限流器。

图 3-9　北京云电英纳超导公司研制的 220kV/800A 超导限流器

2015年，西安交通大学提出了一种直流超导限流模块与开断模块集成的高压直流断路器，研究了超导限流器的快速限流特性、电流转移特性和大电流耐受特性。2016年，天津大学进行了200kV/1kA直流超导限流器的原理设计，并研制了小型样机开展原理验证试验。2019年，中国科学院电工研究所与西安交通大学合作40kV/2kA超导直流限流器样机，在受大电流冲击而失超后，可以产生较大的限流电阻，能够有效限制短路电流，可作为模块组合构成高压大容量超导直流限流器，实验现场如图3-10所示。

图 3-10　中国科学院电工研究所与西安交通大学合作研制的 40kV/2kA 超导限流器样机实验现场

2019 年，北京交通大学和江苏中天科技公司共同研制了 220kV/1.5kA 的电阻型超导限流器，如图 3-11 所示。该超导限流器采用上海超导公司生产的 12mm 宽、不锈钢封装的 REBCO 涂层导体，超导限流器限流单元由 8 个串联模块组成，每个模块由 16 个并联双线圈组成。根据测试结果，超导限流器在 10~63kA 的各种预期故障电流下，通过了 22 次限流试验，故障持续时间为 100ms，最大限流电阻可达 3.5Ω，以及通过了按照国家标准 GB/T 1094.3 进行的 360kVrms/1min 的工频试验和 850kV（1.2/50μs）的 7 次雷电冲击试验。

南方电网广东电网公司、北京交通大学共同研制的 160kV 电阻型超导直流限流器中间验证样机于 2019 年通过了包括大电流冲击和高压绝缘试验在内的第三方测试，攻克了超导与直流输电领域低温高压绝缘、限流单元设计与制造技术等多项关键技术，最终实现系统集成。工程样机于广东汕头南澳岛完成带电系统调试，之后移交广东电网汕头供电局试运行，160kV 超导直流限流器样机如图 3-12 所示。

图 3-11　220kV/1.5kA 电阻型超导限流器

图 3-12　广东电网 160kV 超导直流限流器样机在南澳岛挂网运行

2016 年，国家电网有限公司启动超导限流器技术研究，在国网科技项目《自触发磁偏置高温超导限流器原理研究与样机研制》资助下，中国电力科学研究院有限公司首次全面地对一种基于新型磁偏置原理的超导限流技术进行限流理论研究和样机研制，利用双分裂电抗器、快速开关和无感限流组件完成了一台 10kV/100A 磁偏置高温超导限流器样机。随后在国家电网有限公司的部署下，继续开展磁偏置超导限流器运行实验技术研究。如图 3-13 所示，在 2019 年底，在辽宁省沈阳市虎石台高压试验场顺利实现了磁偏置高温超导限流器 10.5kV 并网运行与相间短路故障限流试验验证，该限流器可在故障发生后 3.8ms 动作，实现两级逐级故障限流，在试验场的 10.5kV 高压线路中最大限流率达到 15.3%，失超恢复时间为 720ms。后续，在国网辽宁省电力有限公司的关注下，该限流器计划在辽宁省辽阳市变电站长期挂网运行，以验证并网技术和评价其适用性。2020 年，《磁偏置高温超导故障限流器关键技术与应用》成果荣获国家电网有限公司技术发明奖二等奖，在领域内取得了较高的技术评价。

目前国内已挂网或正在挂网运行的超导限流器汇总见表 3-2。

图 3-13 磁偏置高温超导限流器在辽宁虎石台高压试验场测试

表 3-2 国内已挂网或正在挂网运行的超导限流器汇总

国家开发商	地点和状态	电压/电流	运行时间	超导材料
中国 CAS	湖南娄底高西变电站 中国首个 HT 超导限流器	10.5kV/1.5kA	2005 年	BSCCO
中国 Innopower	云南省普吉变电站	35kV/1.2kA/90MVA	2008 年	Bi-2223
中国 CAS	甘肃白银超导变电站	10.5kV/1.5kA	2011 年	BSCCO
中国 Innopower	天津市石各庄变电站	220kV/800A	2012 年	Bi-2223
中国国家电网	辽宁虎石台高压试验场	10kV/100A	2019 年	YBCO
中国国家电网	江苏苏州吴江区	20kV/400A	2020 年	YBCO
中国南方电网	广东汕头南澳岛	160kV/1kA 直流	2020 年	YBCO

综上，1982 年以来先后有 20 多个国家进行了超导限流器的研究，至目前为止，各类不同容量类型的超导限流器样机有 119 台，而其中超过 10kV 大容量的有 45 台，实现挂网运行的高温超导限流器有 33 台，分布在 9 个国家：瑞士、中国、俄罗斯、美国、德国、泰国、英国、意大利和韩国。目前主要挂网试运行的超导限流器多以电阻型、饱和铁心型、桥路型为主。相信随着高温材料的改善和发展，超导限流器的实用化潜力与效果将会进一步增强。

根据国内外当前研究与应用现状分析可知，当前国内外各单位在并网运行技术方面，主要围绕超导限流器的安全可靠性、与常规电力系统的兼容性、引线技术和限流器性能测试等方面开展了大量工作，并取得了良好的研究成果。然而，实际应用技术尚待进一步验证和完善，一方面，超导限流器的接入技术及其对电网暂态稳定和继电保护的影响机制还有待深入研究；另一方面，超导限流器的长期挂网运行技术及适应性评价准则还有待验证。特别要指出的是，基于集合电阻和电感混合型的磁偏置超导限流技术未见工程应用，而且针对磁偏置超导限流器并网运行技术研究也存在不足，其并网稳定性措施和保护方法均缺少实际应用验证环节。

3.4 10kV 磁偏置超导限流器技术

（1）磁偏置超导限流器介绍

自触发磁偏置超导限流器主要包括双分裂电抗器、超导限流组件、快速开关和监控系统四个部分，将双分裂电抗器同名端反向相连，双分裂电抗器其中一条支路与无感超导限流组件串联，然后与另一条支路并联，组成自触发磁偏置超导限流器。磁偏置超导限流器通过串联的方式接入线路，在系统稳态运行的情况下，限流器处于无阻抗运行状态，当系统因短路电流发生故障时，超导部分发生失超产生阻抗，使得线路中因为超导限流器的阻抗产生限流效果，同时当短路电流消失之后，超导线圈能够快速恢复到超导状态，整个超导限流器又回到了无阻抗状态，真正实现了集检测、快速响应和快速恢复于一身，具有逐级限流和经济性好的优点。

磁偏置超导限流器系统结构如图 3-14 所示。超导限流器主要由双分裂电抗器 L_1 和 L_2（$L_1=L_2=L$）、无感超导限流组件和快速开关 K_1 三部分组成。双分裂电抗器同名端反向并联接入电路，支路 L_2 与超导限流组件和快速开关 K_1 串联，之后与支路 L_1 并联。回路的电流为 I，L_1 所在支路流经的电流为 I_1，超导限流组件所在的支路电流为 I_2。

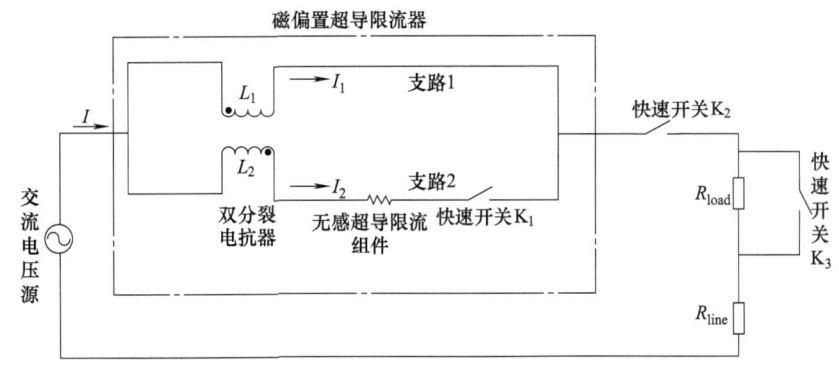

图 3-14 磁偏置超导限流器系统结构

在正常运行状态下，由于超导限流组件的阻抗一般是微欧级，并且双分裂电抗器两支路上的电抗产生的互感磁动势已经相互抵消，因此整个超导限流器阻抗极小，不会对线路正常运行产生影响。

第一阶段，稳态运行。超导部分阻抗十分小，L_1 和 L_2 电抗和漏感相同，两条支路电抗的互感电动势相互抵消，电流流经磁偏置超导限流器，两条支路平分电流（$I_1=I_2$），双分裂电抗器和超导模块阻抗极小，对电网正常运行产生影响很小。

第二阶段，发生短路故障。当线路发生短路故障后，回路电流 I 迅速增大，导致 I_1 和 I_2 电流也迅速增大，随着支路电流 I_2 增大，当 I_2 电流超过超导体临界电流时，无感超导限流组件逐渐开始失超，电阻上升，此时两条支路的阻抗不再相等，导致两条支路电流不再相等（$I_1>I_2$），此时两条支路的互感电动势不能够再相互抵消，无感超导限流组件在第一个半波实现限流。超导限流组件在失超状态下会产生大量热量，为了保护超导限流组件，快速开关 K_1 在前半个周波完成限流后断开（10ms 后），将无感超导限流组件从支路中切除。

在切断 L_2 支路后，L_2 所在支路电流 I_2 为 0，L_2 将不再能够产生感应电动势，整个超导限流器的阻抗全部由 L_1 支路的自感阻抗承担，由双分裂电抗器的另一条支路 L_1 进行进一步限流，当回路电流减小线路断路器 K_2 的遮断容量后，K_2 断开故障线路。可见，在整个限流过程中，先由双分裂电抗器的一次绕组和二次绕组与超导模块串联共同限流，然后切断超导支路实现一次绕组继续单独限流。

第三阶段，切除无感超导限流组件支路，超导支路电流为 0，超导带材会迅速再次恢复到超导态，为下一次支路开关 K_1 闭合做好准备，实现了超导限流器快速恢复的功能。

自触发磁偏置超导限流磁体由 10 个无感超导限流单元串联组成，磁体参数见表 3-3。每个无感超导限流单元采用一种新型的正反 S 弯无感超导线圈结构，无感超导限流单元主要分为直线与弯曲两部分，由两根超导带材并联进行 S 弯绕制，两根带材之间的距离满足高压绝缘要求。在竖直方向无感超导限流单元可以进行串联叠加，根据限流要求确定串联单元数量。超导限流组件组装后采用浸泡冷却方式，放置在液氮杜瓦中。图 3-15 所示为无感超导限流组件和杜瓦的照片。

表 3-3 自触发磁偏置超导限流磁体参数表

参数	数值	参数	数值
超导带材总长度/m	232	模块数量/个	10
常温下电阻/mΩ	4.56	运行温度/K	77
常温下电感/μH	89.44		

图 3-15 无感超导限流组件和杜瓦的照片

（2）超导限流器仿真特性

根据辽阳市张台子变电站 2 号变压器输出端 10kV 新水泥线路实际结构与参数，开展仿真研究，如图 3-16 所示。通过 MATLAB/Simulink 仿真软件对超导限流器并网系统进行仿真建模，按照超导限流器电路的拓扑结构建立如图 3-17 所示的仿真模型。根据 E-J 定律，超导限流组件使用 S-Function 模拟超导体电阻变化过程，实时控制超导失超电阻输出。

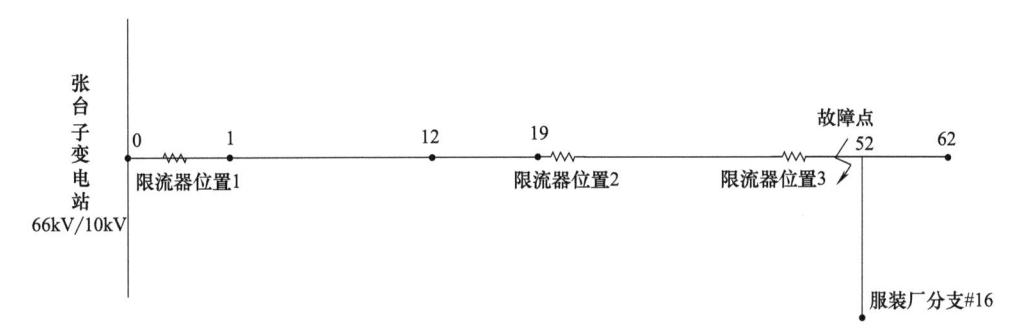

图 3-16　新水泥线路拓扑图

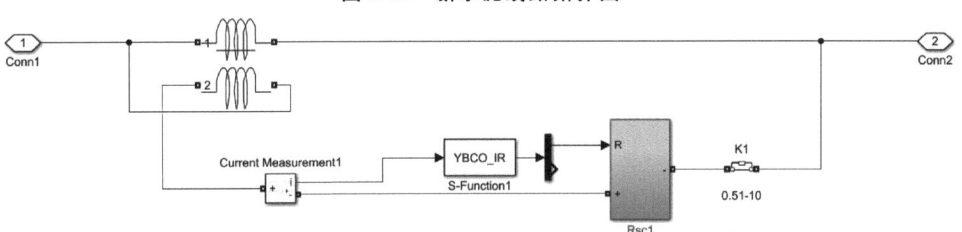

图 3-17　超导限流器仿真模型

线路参数和负荷参数分别见表 3-4 和表 3-5。仿真的故障点设置在节点 52 附近，因此可以在节点 0 和故障点处都设置测量仪表，监测故障电量。在仿真中，各时间点设置如下：

0s 时，主电路闭合，潮流经过暂态转移后，收敛到稳态，此时超导限流器的切换断路器闭合，将超导限流器两端短路，等效为将其移出电网，超导限流器未接入电网中；

0.1s 时，超导限流器的切换断路器断开，超导限流器接入电网中，可以此探究超导限流器在非故障正常工况下对稳态潮流有无影响；

0.2s 时，超导限流器的切换断路器闭合，将超导限流器移出电网；

0.3s 时，短路故障发生，观察电网中无超导限流器的故障电压和故障电流；

0.35s 时，认为电网主保护动作，将故障切除；

0.4s 时，超导限流器的切换断路器打开，等效为将超导限流器接入电网；

0.5s 时，短路故障发生，观察电网中有超导限流器的故障电压和故障电流，探究超导限流器的作用，进入限流的第一阶段；

0.51s时,超导限流器内部,YBCO超导体支路的保护断路器断开,超导限流器等效为电感,进入限流的第二阶段;

0.55s时,认为电网主保护动作,将故障切除;

0.6s时,仿真结束。

表3-4 线路参数

区段	导线型号	额定电压/kV	安全电流/A	线路电阻/(Ω/km)	线路电感/(mH/km)	长度/km
0-1	YJV22-3×300	10	380	0.0735	0.2817	0.1
1-12	LGJ-120	10	380	0.27	1.0828	0.7
12-19	YJV22-3×240	10	380	0.084	0.2904	0.46
19-62	LGJ-120	10	380	0.27	1.0828	2.15
62-16	LGJ-35	10	380	0.8925	1.1879	0.85

表3-5 负荷参数

节点	有功负荷/MW	无功负荷/Mvar
16	1.051	0.233
62	0.290	0.178

以所有故障中最为严重的三相故障为例,进行仿真结果数据分析,并给出限流参数变化规律,其他故障情况下的仿真结果见表3-6~表3-8。

当限流器位于线路首端,线路末端节点52处发生三相短路故障时,故障点的三相电流如图3-18所示。

从图中可以看出,三相短路故障期间,A相电流峰值最大,可达1981A;C相电流峰值与A相差不多,可达1917A,但是为负峰值;B相电流峰值最小,为1228A。三相电流的峰值不等,是由于三相电流存在相位差,当A相电流达到峰值后,其他两相的峰值会延迟到来;而当其他两相峰值到来时,短路电流相量的幅值已经减小了,所以峰值较小。鉴于A相电流峰值最大,对电网的冲击也最大,接下来以A相电流为例进行讨论。

0.3~0.34s之间,超导限流器未接入电网,A相电流第一波峰峰值可达1981A,第二波峰峰值可达1878A。0.5~0.54s之间,超导限流器接入电网,A相电流第一波峰峰值可达1568A,第二波峰峰值可达1309A。故障电流仿真数据见表3-6。

对比超导限流器接入电网前后,A相电流第一波峰的限流比为20.8%,第二波峰的限流比为30.3%。

母线电压仿真数据见表3-7,限流器支路电流仿真数据见表3-8。

a) A相电流

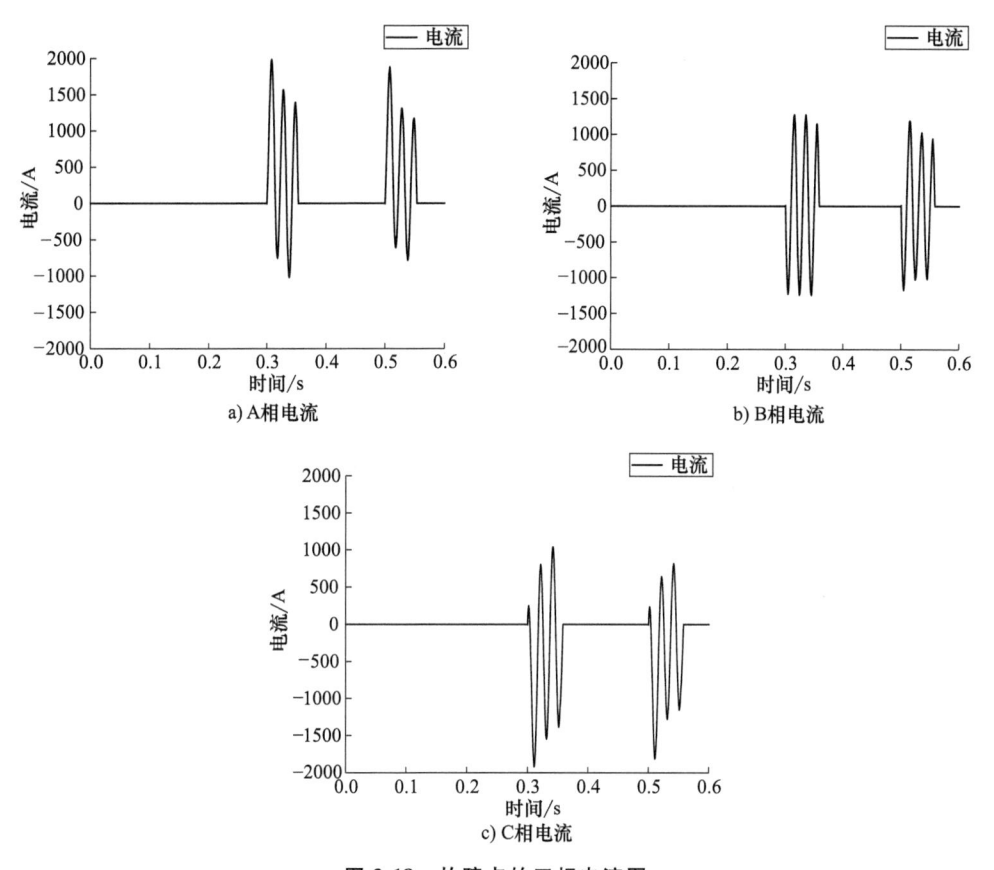

b) B相电流

c) C相电流

图 3-18 故障点的三相电流图

表 3-6 故障电流仿真数据

故障类型	故障点 A 相电流峰值					
	第一波峰			第二波峰		
	无超导限流器 /A	有超导限流器 /A	限流比(%)	无超导限流器 /A	有超导限流器 /A	限流比(%)
单相接地	324	324	0	318	309	2.83
两相相间	1466	1391	5.1	1248	1023	18.0
两相接地	1533	1461	4.7	1318	1098	16.7
三相接地	1981	1568	20.8	1878	1309	30.3

表 3-7 母线电压仿真数据

故障类型	节点 0 母线电压			
	无超导限流器		有超导限流器	
	电压峰值/kV	跌落百分比(%)	电压峰值/kV	跌落百分比(%)
单相接地	0.436	94.81	1.37	83.69
两相相间	5.01	39.7	5.40	35.2

(续)

故障类型	节点0母线电压			
	无超导限流器		有超导限流器	
	电压峰值/kV	跌落百分比(%)	电压峰值/kV	跌落百分比(%)
两相接地	1.43	82.8	2.634	68.3
三相接地	1.87	77.5	2.88	65.3

表 3-8 限流器支路电流仿真数据

故障类型	超导限流器支路电流					
	第一波峰			第二波峰		
	无超导限流器/A	有超导限流器/A	限流比(%)	无超导限流器/A	有超导限流器/A	限流比(%)
单相接地	314	314	0	311	302	2.89
两相相间	1493	1418	5.0	1288	1066	17.2
两相接地	1515	1440	4.9	1310	1087	17.0
三相接地	1969	1565	20.5	1860	1298	30.2

(3) 超导限流器并网示范运行试验

1) 稳态电磁参数测试。

超导无感限流组件的稳态电磁参数(电感、电容和接头电阻)在降温前后用 RK-2811C 型 LCR 数字电桥仪表构成测量电路,并进行测量。单个线圈模块电感、电容和电阻测量如图 3-19 所示。

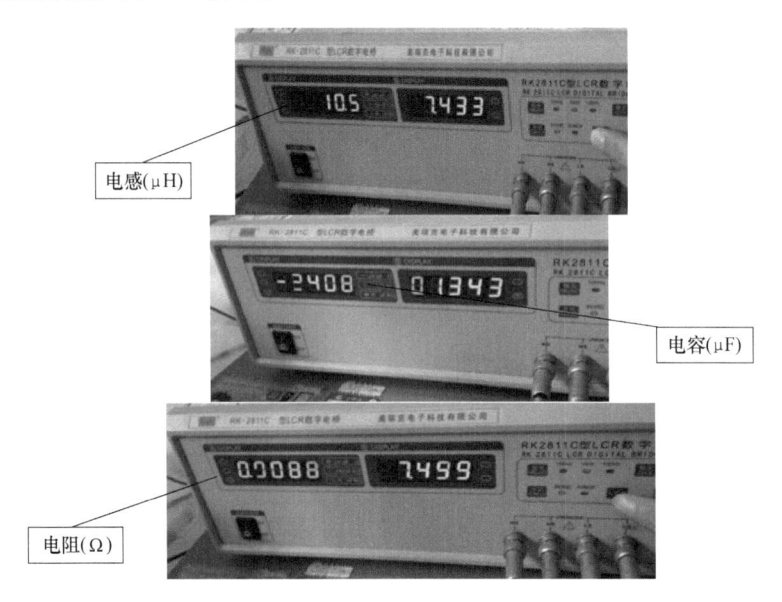

图 3-19 单个线圈模块电感、电容和电阻测量

对双分裂电抗器在室温下的两条支路的电阻、电感参数进行测量。其中，两条支路 A-X 和 A′-X′的电阻试验测量结果见表 3-9，电感试验测量结果见表 3-10。可见，两条支路电感测量值分别为 5.312mH、5.287mH，接近理论设计值 5.3mH 的要求。

表 3-9　双分裂电抗器两条支路绕组的电阻试验测量结果

支路绕组	实测电阻(300K)/Ω	支路绕组	实测电阻(300K)/Ω
A-X（单臂）	0.2066	(A+A′)-(X+X′)（双臂）	0.2695
A′-X′（单臂）	0.258		

表 3-10　双分裂电抗器两条支路绕组的电感试验测量结果

施加部位	测量参数							
	V_1/V		I/A			P/W	Z/Ω	L/mH
	U_{rms}	U_{ar}	A_1	A_2	A_3			
A-X（单臂）	83.20	83.24	49.88	—	—	236.1	1.668	5.312
A′-X′（单臂）	83.66	83.70	50.39	—	—	240.8	1.660	5.287
(A+A′)-(X+X′)（双臂）	13.83	13.84	100.80	51.74	51.91	477	0.137	0.437

此外，对无感超导限流组件在室温（300K）和 77K 温度下的电阻和电感参数也进行测量，结果见表 3-11。可见，在 300K 和 77K 温度下，电感测量值分别为 86.16μH 和 89.44μH，相差不大，较好地实现了无感线圈的设计目标。

而且，由于无感超导限流组件由 10 个超导单元串联而成，存在 20 个铜接头，2 根 10kV 电流引线套管等部件，因此两个端头之间有接头电阻。在 77K 温度下，接头电阻测量值是 4.56mΩ，仅为 300K 接头电阻值的 29.6%。

由稳态电磁参数测量结果可见，超导限流组件的电感、电阻参数满足理论设计要求。

表 3-11　无感超导限流组件电磁参数测量结果

项目	实测数值(300K)	实测数值(77K)
电感/μH	86.16	89.44
电阻/mΩ	15.38	4.56

磁偏置超导限流器无感限流组件的交流损耗实验结果和仿真结果如图 3-20 所示。共进行了 4 组不同频率的实验，分别为 30Hz、50Hz、70Hz 和 100Hz；同时在每组不同的频率下分别通以 20A、30A、40A 和 50A 的电流进行实验。

2）低温高压试验。

400kV 冲击电压发生器试验系统的冲击电压波是由各级电压为±100kV 共 4 级的高压塔，用充电变压器对各级电容器并联充电、串联放电产生的。串联放电是由 4 对铜球间隙完成的。其中第 1 对具有点火间隙，触发脉冲促使 4 对铜球间隙同步

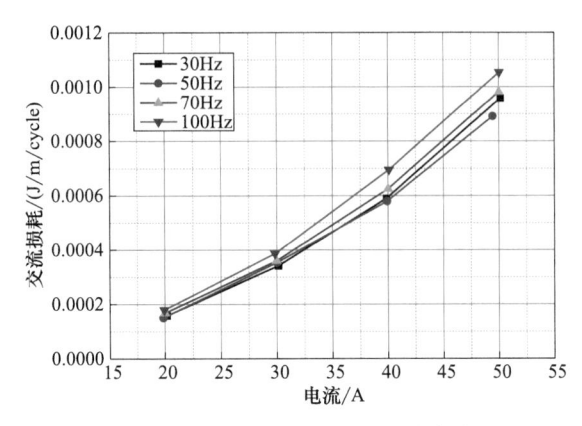

图 3-20　交流损耗实验结果和仿真结果

放电，所有电容器对波形电阻放电，就形成了冲击电压波形。基于该冲击电压发生器，搭建完成的 75kV 雷电冲击试验平台照片如图 3-21a 所示。

交流耐压高压绝缘试验包括两个部分：超导限流组件及低温系统交流耐压测试试验和磁偏置超导限流器整体系统交流耐压测试试验。所搭建的交流耐压试验平台照片如图 3-21b 所示。通过验证超导限流器的绝缘性能，为后续的通流试验做准备。双分裂电抗器 A、X、A′、X′端子的雷电冲击试验结果分别见表 3-12~表 3-15。

a) 雷电冲击　　　　b) 交流耐压

图 3-21　75kV 雷电冲击和交流耐压试验平台照片

表 3-12　端子 A 雷电全波冲击试验结果

全波/截波	占比（%）	幅值/kV	波形参数
LI 全波	60	U_{pk}：-46.13	T_1：1.30μs　T_2：24.36μs
LI 全波	100	U_{pk}：-74.39	T_1：1.28μs　T_2：25.17μs
LI 全波	100	U_{pk}：-74.54	T_1：1.28μs　T_2：25.25μs
LI 全波	100	U_{pk}：-75.44	T_1：1.30μs　T_2：24.75μs

表 3-13 端子 X 雷电全波冲击试验结果

全波/截波	占比(%)	幅值/kV	波形参数	
LI 全波	60	U_{pk}: -45.96	T_1: 1.30μs	T_2: 24.03μs
LI 全波	100	U_{pk}: -75.51	T_1: 1.29μs	T_2: 24.35μs
LI 全波	100	U_{pk}: -74.92	T_1: 1.29μs	T_2: 24.49μs
LI 全波	100	U_{pk}: -74.57	T_1: 1.29μs	T_2: 24.34μs

表 3-14 端子 A′雷电全波冲击试验结果

全波/截波	占比(%)	幅值/kV	波形参数	
LI 全波	60	U_{pk}: -45.33	T_1: 1.42μs	T_2: 23.81μs
LI 全波	100	U_{pk}: -73.67	T_1: 1.42μs	T_2: 23.97μs
LI 全波	100	U_{pk}: -73.67	T_1: 1.40μs	T_2: 24.49μs
LI 全波	100	U_{pk}: -73.52	T_1: 1.41μs	T_2: 24.57μs

表 3-15 端子 X′雷电全波冲击试验结果

全波/截波	占比(%)	幅值/kV	波形参数	
LI 全波	60	U_{pk}: -44.42	T_1: 1.38μs	T_2: 24.81μs
LI 全波	100	U_{pk}: -72.98	T_1: 1.36μs	T_2: 24.93μs
LI 全波	100	U_{pk}: -73.89	T_1: 1.36μs	T_2: 25.06μs
LI 全波	100	U_{pk}: -74.04	T_1: 1.38μs	T_2: 24.81μs

超导限流组件系统在液氮温区下75kV雷电全波冲击结果如图3-22所示。超导限流组件系统在室温和77K温度下进行75kV雷电全波冲击试验结果分别见表3-16和表3-17。

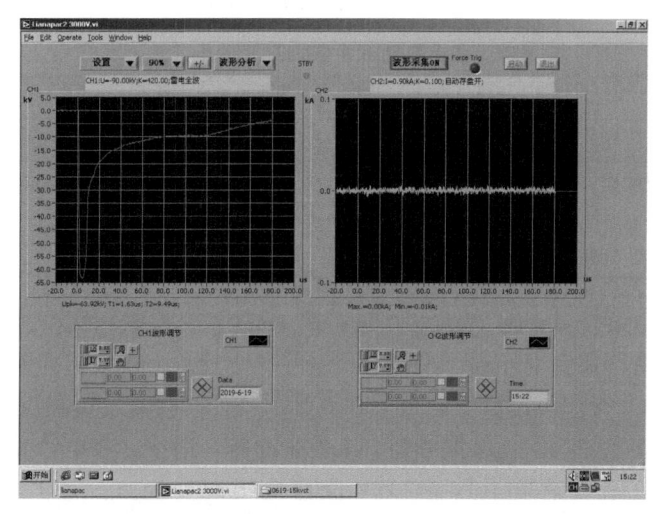

图 3-22 超导限流组件系统在液氮温区下75kV雷电全波冲击结果

表 3-16 超导限流组件系统在室温和 77K 温度下进行雷电全波冲击试验结果

试验名称	电压等级/kV	峰值/kV	波头时间/μs	波尾时间/μs
室温 1(300K)	−15	−13.37	1.60	51.56
室温 2(300K)	−30	−26.59	1.49	51.04
室温 3(300K)	−35	−30.63	1.53	50.84
液氮 4(77K)	−20	−18.01	1.50	50.50
液氮 5(77K)	−35	−30.41	1.60	50.90
液氮 6(77K)	−75	−63.92	1.63	9.49

表 3-17 75kV 雷电全波冲击试验结果汇总表

设备名称	耐受端子	额定耐受电压/kV 全波（峰值）	试验结果
双分裂电抗器	A、X、A′、X′	−75	通过
超导限流组件系统	Y1、Y2	−75	通过

根据国标 GB/T 1094.3 和 GB/T 1094.6 分别对双分裂电抗器和超导限流组件系统进行交流耐压测试。

对双分裂电抗器进行工频外施耐压试验，试验结果见表 3-18。

表 3-18 工频外施耐压试验结果

试验端子	施加电压/kV	电压频率/Hz	持续时间/s	试验结果
(A+X)+(A′+X′)	35	50	60	通过
A+X	35	50	60	通过

通过对超导限流组件系统进行交流耐压高压试验，试验工况见表 3-19。

表 3-19 超导限流组件系统交流耐压试验工况

序号	测试对象	试验工况
1	超导限流组件	20kV,持续 1min,室温(300K)
2	超导限流组件	35kV,持续 1min,液氮浸泡(77K)
3	磁偏置超导限流器(含双分裂电抗器、超导限流组件、快速开关、监控系统、低温系统、失超恢复测量系统)	12kV,持续 1min,液氮浸泡(77K)

上述试验结果表明：在 20kV，持续时间 1min 的交流耐压试验过程中，超导限流组件状态平稳，未发生异响、闪络、放电等异常现象，表明超导限流组件在室温环境下具备 20kV 交流电压耐受能力。在 35kV，持续时间 1min 的交流耐压试验过程中，超导限流组件状态仍保持平稳，未发生异响、闪络、放电等异常现象，表明超导限流组件在液氮环境下具备 35kV 交流电压耐受能力。在 12kV，持续时间 1min 的整体交流耐压试验过程中，磁偏置超导限流器样机整体状态平稳，未发生

异响、闪络、放电等异常现象，监控系统能够可靠采集超导限流器各状态量；耐压试验完成后，监控系统对限流器内部快速开关、失超恢复测量系统等部件的控制功能正常。

3）稳态额定载流运行试验。

如图 3-23 所示，磁偏置超导限流器串联接入图中灰色箭头所示的 10kV 母线处。试验中，首先旁路磁偏置超导限流器，通过调节 10kV 母线参数实现额定运行工况，然后投入磁偏置超导限流器，实现其额定通流运行。

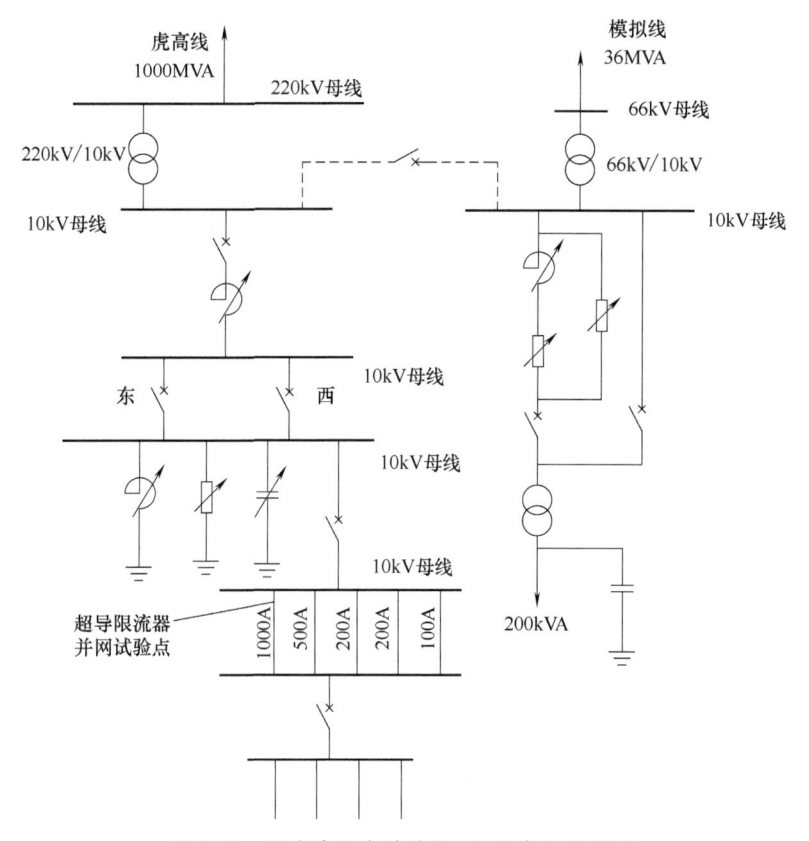

图 3-23　辽宁虎石台试验场 10kV 电网网架图

一共开展了 5 种试验，试验工况条件为：

① 试验预期：稳态电流持续时间 2s；暂态电流持续时间 500ms。
② 试验一：稳态电流持续时间 10s；暂态电流持续时间 430ms。
③ 试验二：稳态电流持续时间 20s；暂态电流持续时间 500ms。
④ 试验三：稳态电流持续时间 60s；暂态电流持续时间 130ms。
⑤ 试验四：稳态电流持续时间 360s；暂态电流持续时间 500ms。

在第 5 种试验工况下，磁偏置超导限流器稳态额定通流 6min，期间运行一切正常。三相线路中稳态电流波形如图 3-24 所示。该回路稳态电流值为 100A，电容器关合涌流持续时间为 0.3s。电路设计导闸断路器（DZ-CB）关合时间为 1s，即电路导通后 1s 接入超导限流器，可以避免电容器关合涌流对超导限流器的影响。

试验中在电网测量回路的控制总开关记录了整体回路的电流和电压状态，同时在磁偏置超导限流器的监控系统中更详细地记录了各条支路的电流、电压和电阻值的变化。

超导限流器在稳态下运行时，两支路电流试验波形如图 3-25 所示。

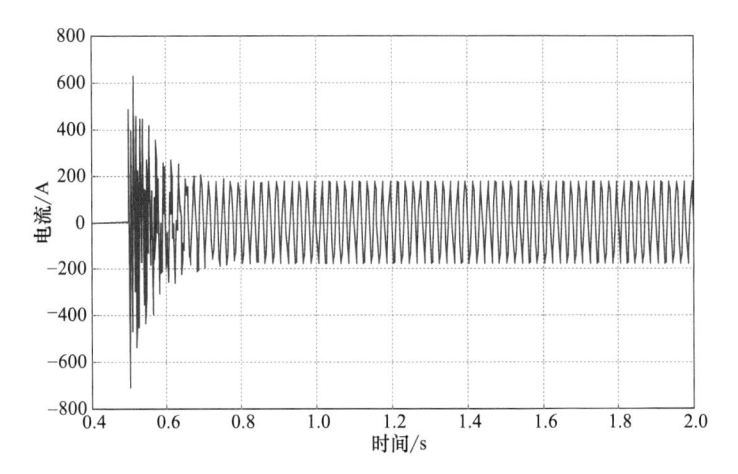

图 3-24　辽宁虎石台 10kV 线路稳态电流波形图

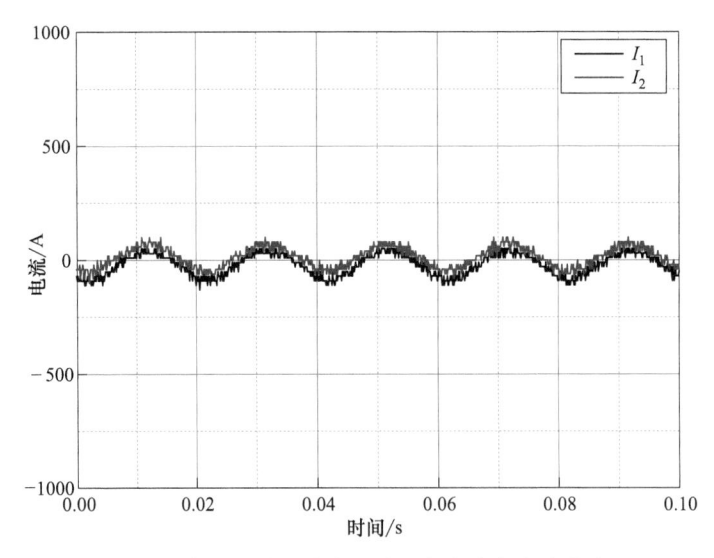

图 3-25　超导限流器稳态通流运行支路电流试验波形

4）故障限流暂态试验。

超导限流器在电力系统中将发挥故障工况下的限流作用，当电力系统中发生短路故障时，瞬时的大电流冲击将会对电力系统造成影响，如何快速限流并切断回路是研究过程中的重点,在限流过程中磁偏置超导限流器能否成功限制电流的幅值,是此次试验中的重点研究内容。为验证在短路故障电流冲击情况下超导限流器的电压和电流变化规律,试验过程中将磁偏置超导限流器接入辽宁公司虎石台 10kV 电网中,将超导限流器连接入 A 相电路,通过触发 A、C 相间短路故障,产生大电流测试超导限流器暂态限流特性的变化趋势。

磁偏置超导限流器电网故障限流试验原理如图 3-26 所示。

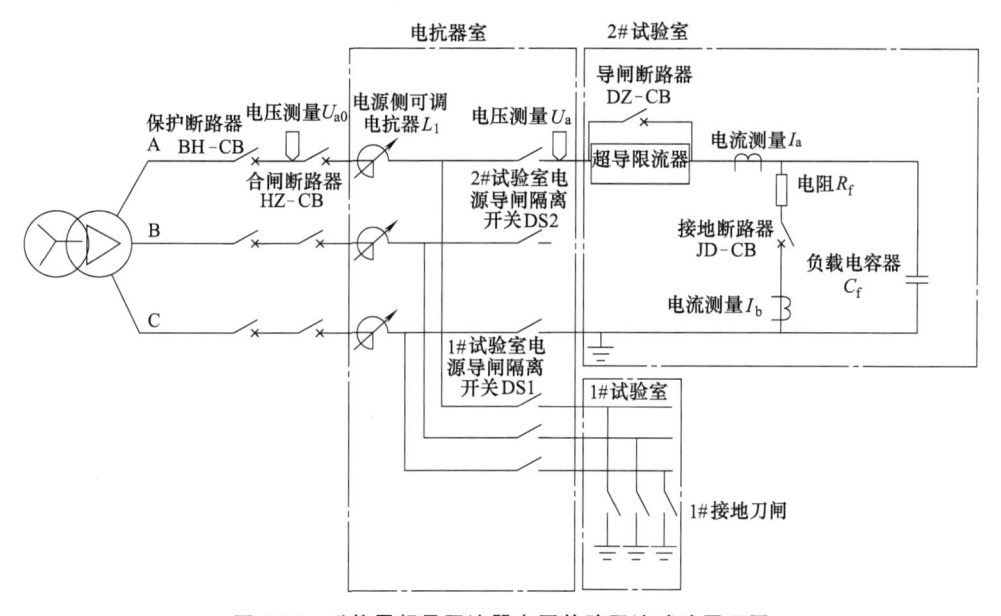

图 3-26 磁偏置超导限流器电网故障限流试验原理图

其中,$C_f = 27.6\mu F$。实验要求:故障 1000A 电流运行 60ms。

图 3-27 所示为磁偏置超导限流器 10kV 并网故障限流试验现场。包括三台 220kV/10kV 单相星-角变压器、10kV 三相线路、试验线路及负荷、磁偏置超导限流器系统、超导限流器在线监控系统、虎石台试验场 10kV 试验系统上位机监控系统。

图 3-27 磁偏置超导限流器 10kV 并网故障限流试验现场

运行工况：电网发生短路故障后，超导组件限流作用 10ms，然后磁偏置超导限流器的支路 2 从线路中移除，支路 1 继续限流。图 3-28 所示为故障限流 10ms 的支路电流和超导组件电压试验波形。从图中可见，在 $t = 1.015s$ 时，上位机触发电网线路相间短路故障，此时超导限流器两条支路电流波形重叠，$I_1 = I_2$；随后超导限流组件在故障电流冲击下自动触发，通过失超产生电阻而进行限流响应。超导限流组件所在支路由于电阻逐渐增加，导致两条支路电流不再重叠，在 $t>1.018s$ 时，故障电流逐渐转移到电阻较小的支路 L_1，此时 $I_1>I_2$；当 $t = 1.025s$ 时，超导组件限流作用 10ms 后，切除超导组件所在支路 L_2，此时 $I_2 = 0$，电流全部转移到支路 L_1，由支路 L_1 继续限流。超导限流组件电压 U_{sc} 跟随支路电流 I_2 呈现正弦半波波形，U_{sc} 峰值达到 625V，超导支路电流 I_2 峰值达到 750A；当 $I_2 = 0$ 时，U_{sc} 也减小到零。

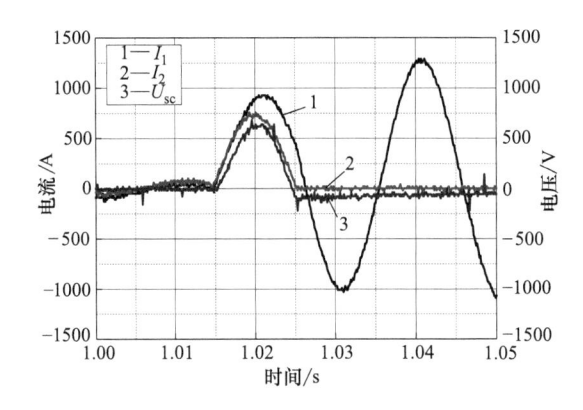

图 3-28　故障限流 10ms 的支路电流和超导组件电压试验波形

图 3-29 所示为 10ms 故障限流下超导组件失超电阻试验波形。期间超导的失超电阻峰值接近 1.25Ω，响应时间在 5ms 之内，失超电阻随着电流的上升而上升，但电阻最大值并不在电流最大值位置，而是在 1/4 周波~1/2 周波区间，而后随支路电流 I_2 减小到零而回落为零，因此该限流期间的超导失超过程为磁通流阻态，最终可以恢复到超导态。

图 3-30 所示为超导组件限流 10ms 有无超导限流器的回路电流波形，通过将有与无超导限流器的电流波峰作对比得到超导限流器的限流率。

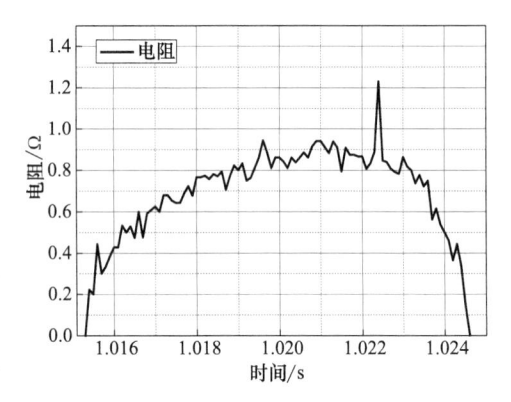

图 3-29　10ms 故障限流下超导组件失超电阻试验波形

定义磁偏置超导限流器的限流率 k 为

$$k = (i_{\text{fault}} - i_{\text{limit}})/i_{\text{fault}} \tag{3-1}$$

式中，i_{fault} 为故障电流波形峰值；i_{limit} 为超导限流后的电流波形峰值。

从图 3-30 中可知，无超导限流器试验组的回路电流第一个周波峰值为 1715A，稳定后峰值为 998A；有超导限流器的试验组的回路电流第一个周波峰值为 1650A，稳定后有效值为 845A，发生相间短路后，短路电流含非周期分量，最大限流率为 15.33%。

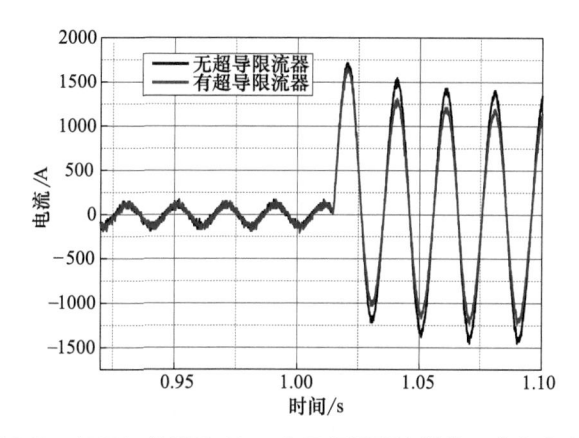

图 3-30　超导组件限流 10ms 有无超导限流器的回路电流波形

5）限流率比较。

将辽宁虎石台实验场 10.5kV 电网限流率和霸州 400V 电网两级限流率试验结果进行总结，见表 3-20。在 10.5kV 电网系统中，当 1000A（有效值）短路故障电流冲击 10ms 时，超导组件的失超限流电阻达到 1.21Ω，第一个半波的限流率为 3.8%，第二个周波及之后限流率稳定在 15.3%；而当 1000A（有效值）短路故障电流冲击 60ms 时，超导组件的失超限流电阻增大到 1.96Ω，前 3 个周波的限流率提高到 8.4%，第 4 个周波及之后限流率稳定在 14.3%。

针对 10ms 故障电流冲击工况，在 400V 的实验电网中，当故障电流为 1300A（有效值），第一个半波限流率为 43.4%，稳定状态下的限流率为 89.6%。说明限流电阻需要与电网参数进行匹配，方可获得预期的限流效果。由此可见，超导限流器是一种电网定制的电力设备，本节探讨的内容对未来规划超导限流器在电网应用提供了设计依据。

表 3-20　磁偏置超导限流器限流率比较

电网系统	短路故障冲击时间/ms	第一级限流率（%）	第二级限流率（%）	失超电阻/Ω
10.5kV	10	3.8	15.3	1.21
	60	8.4	14.3	1.96
400V	10	43.4	89.6	1.16

磁偏置超导限流器在1000A故障电流冲击60ms后，通过测量超导限流组件上的电压U_{sc}，可以观察到明显失超恢复现象，如图3-31所示。初始状态为失超恢复回路开关断开，当开关闭合瞬间，失超恢复回路接进超导限流组件。超导限流组件电压达到2.03V，以降到峰值电压的百分之一为失超恢复的判据，经过720ms后，电压值为20mV，可知失超恢复时间为720ms。

6）并网示范应用。

超导限流器接入线路选址为66kV张台子变10kV新水泥线B相，该10kV新水泥线由国网灯塔供电公司负责维护，图3-32和图3-33所示为张台子变电站俯瞰图和张台子变电站监控系统。

图3-31 超导限流器失超恢复电压实验波形

图3-32 张台子变电站俯瞰图

图3-33 张台子变电站监控系统

10kV并网试验站电网网架图如图3-34所示。磁偏置超导限流器串联接入节点1母线处B相。试验中，首先旁路磁偏置超导限流器，通过调节10kV母线参数实现额定运行工况，然后投入磁偏置超导限流器，实现其额定通流运行。

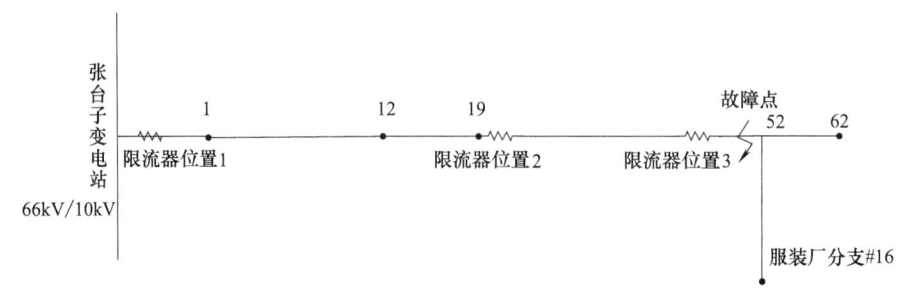

图3-34 10kV并网试验站电网网架图

并网工况为：并网持续时间 7 天；线路电流在白天工作日约 16A，非工作日约 4A，夜晚约 1.5A。磁偏置超导限流器并网运行试验平台照片如图 3-35 所示。

图 3-35　磁偏置超导限流器并网运行试验平台照片

在该工况下，磁偏置超导限流器并网运行 7 天，期间运行一切正常。磁偏置超导限流器监控系统界面如图 3-36 所示，10kV B 相线路稳态电流波形如图 3-37 所示。该回路稳态电流值为 100A。

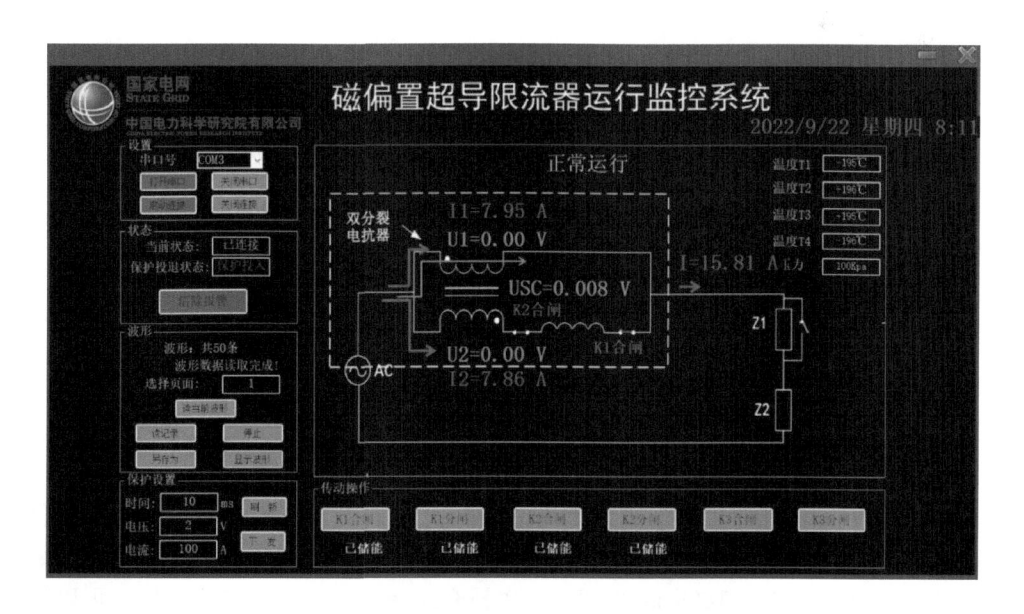

图 3-36　磁偏置超导限流器监控系统界面

试验中在电网测量回路的控制总开关记录了整体回路的电流和电压状态,同时在磁偏置超导限流器的监控系统中更详细地记录了各条支路的电流、电压和电阻值的变化。

超导限流器在稳态下运行时,两支路电流试验波形如图 3-38 所示,从图中截取的部分电流波形图可见,两条支路电流波形基本相同,实现了电流均分。

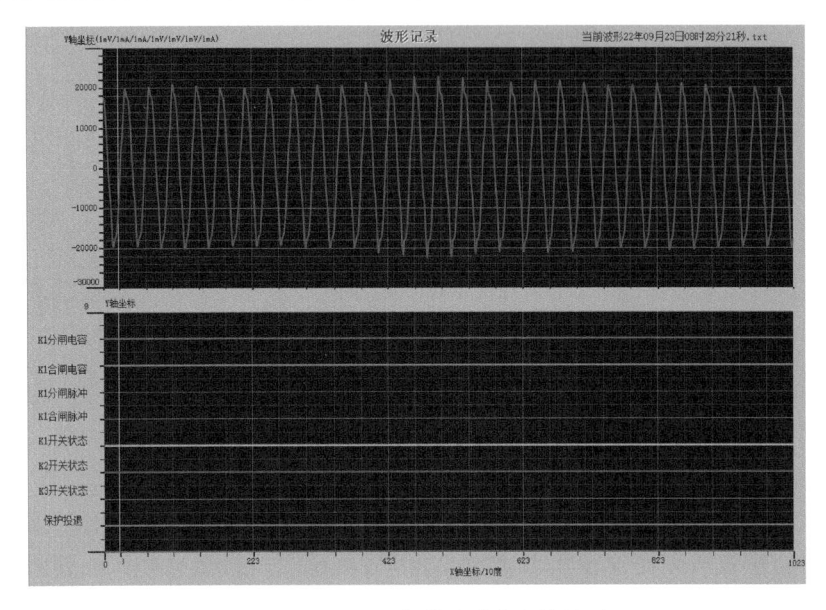

图 3-37 10kV B 相线路稳态电流波形

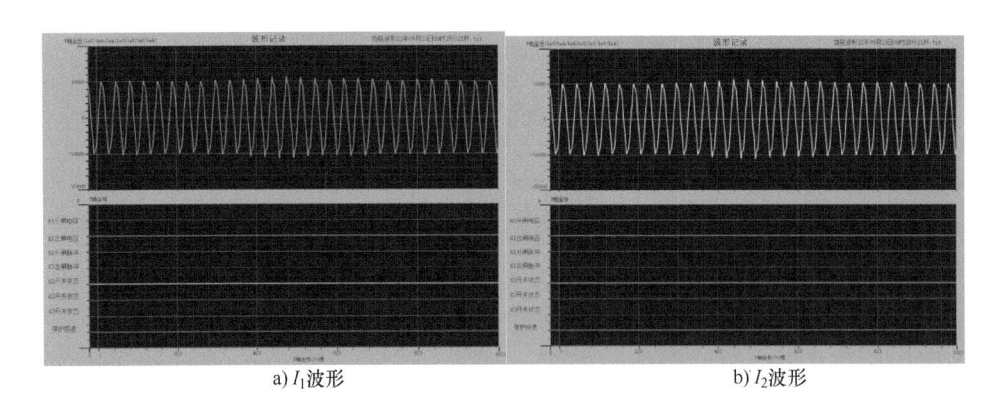

a) I_1 波形　　　　　　　　　　　　b) I_2 波形

图 3-38 超导限流器并网运行两支路电流试验波形

杜瓦内液氮液位变化曲线如图 3-39 所示。从图中可以看出 24h 内液位的变化情况,一天之内有两次液氮补充,分别是 14:00—14:30 和 23:45—03:50,液位的波动范围在 1750~1860mm 之间,一次补充完液氮后可以维持 9~11h,可以推算出液位下降的速率大约是 10mm/h。

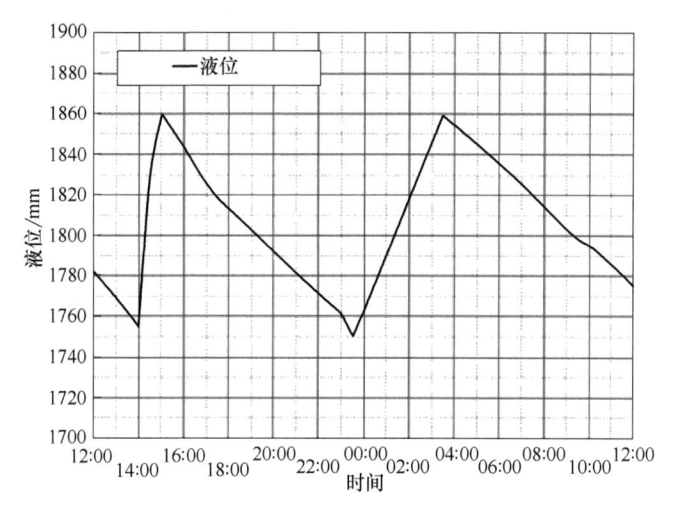

图 3-39 杜瓦内液氮液位变化曲线

参考文献

[1] KREUTZ R, BOCK J, BREUER F, et al. System technology and test of CURL 10, a 10kV, 10 MVA resistive high-Tc superconducting fault current limiter [J]. IEEE Transactions on Applied Superconductivity, 2005, 15 (02): 1961-1964.

[2] YAZAWA T, OOTANI Y, SAKAI M, et al. Design and test results of 66kV high-Tc superconducting fault current limiter magnet [J]. IEEE Transactions on Applied Superconductivity, 2006, 16 (02): 683-686.

[3] MAJKA M, KOZAK J, KOZAK S, et al. Design and numerical analysis of the 15kV class coreless inductive type SFCL [J]. IEEE Transactions on Applied Superconductivity, 2015, 25 (03): 1-5.

[4] LEE S R, KO E Y, LEE J, et al. Development and HIL testing of a protection system for the application of 154-kV SFCL in South Korea [J]. IEEE Transactions on Applied Superconductivity, 2019, 29 (05): 1-4.

[5] 肖立业. 10.5kV/1.5kA 高温超导限流器研究开发与并网实验运行 [R]. 北京：中国科学院电工研究所, 2007.

[6] 信赢, 龚伟志, 高永全, 等. 35kV/90MVA 挂网运行超导限流器结构与性能介绍 [J]. 稀有金属材料与工程, 2008, 37 (S4): 275-280.

[7] XIN Y, GONG W Z, HONG H, et al. Development of a 220kV/300 MVA superconductive fault current limiter [J]. Superconductor Science and Technology, 2012, 25 (10): 105011.

[8] 陈辉祥. 500kV 饱和铁芯型高温超导限流器样机研制 [R]. 广州：广东电网有限责任公司电力科学研究院, 2018.

[9] 陈妍君, 顾洁, 金之俭, 等. 电阻型超导限流器仿真模型及其对10kV配电网的影响 [J].

电力自动化设备，2013，33（02）：87-91，108.

[10] 周捷锦. 10kV 电阻型高温超导限流器在崇明电网中的应用研究［D］. 上海：上海交通大学，2013.

[11] 黄炜昭. 220kV 高温超导故障限流器在深圳电网的应用研究［D］. 广州：华南理工大学，2014.

[12] 陈妍君. 电阻型超导限流器和 10kV 配电网继电保护相配合的仿真分析［J］. 河南师范大学学报（自然科学版），2016，44（05）：53-59.

[13] ZHU J，ZHU Y，WEI D，et al. Design and evaluation of a novel non-inductive unit for a high temperature superconducting fault current limiter（SFCL）with bias magnetic field［J］. IEEE Transactions on Applied Superconductivity，2019，29（05）：1-4.

第 4 章 超导储能系统

4.1 工作原理

超导储能系统（Superconducting Magnetic Energy Storage，SMES）是利用超导线圈通过变流器将电网过剩能量以电磁能的形式储存起来，需要时再通过变流器馈送给电网或其他装置。线圈在超导态下电流密度比常规线圈高 1~2 个数量级，不仅能够长时间、无损耗地储存能量，而且可以达到很高的储能密度，释能效率和响应速度是其他类型储能装置无法比拟的。超导储能系统不仅可用于调节电力系统的峰谷，解决电网瞬间断电对用电设备的影响，而且还可用于降低和消除电网的低频功率振荡，改善电网的电压和频率特性，进行功率因数的调节，提高电力系统的稳定性。

SMES 一般由超导线圈、低温系统、功率调节系统（变流器）、测控系统和失超保护（监控系统）4 个主要部分组成，如图 4-1 所示。

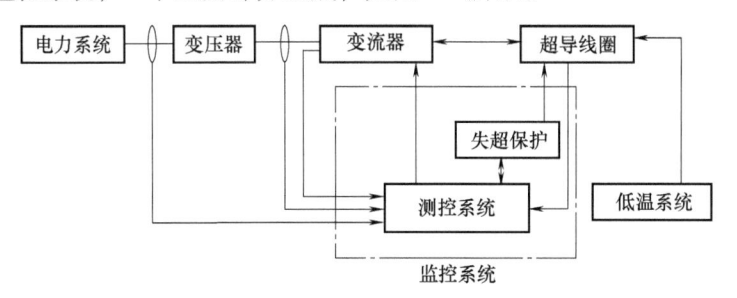

图 4-1 SMES 结构及其运行框图

SMES 利用超导体的无阻载流特性构造高稳定度磁体线圈，用以存储电磁能，通过变流器实现与电网的瞬时大功率交换，功率输送无须中间能源形式的转换，具有毫秒级响应速度、大于 95% 的转换效率、无限次充放电循环和高功率密度的优点，因此，可以实现与电力系统的实时大容量能量交换和功率补偿。将 SMES 安装在智能电网的关键节点或新一代智能变电站中，对因分布式能源并网或电网紧急电力事故后造成的电网功率波动、频率振荡和电压跌落等问题能够提供快速调节并有效支撑电网电压和频率,实现输/配电系统的动态管理,提高电网暂态稳定性和电能质量。

4.2 国外技术发展现状和趋势

1969 年,Ferrier 提出了利用超导电感储存电能的概念。20 世纪 70 年代初,威斯康星大学应用超导中心利用一个由超导电感线圈和三相 AC/DC 格里茨(Graetz)桥路组成的电能储存系统,对格里茨桥在能量储存单元与电力系统相互影响中的作用进行了详细分析和研究,发现装置的快速响应特性对于抑制电力系统振荡非常有效,开创了超导储能在电力系统应用的先驱。20 世纪 70 年代中期,为了解决 BPA 电网中从太平洋西北地区到南加州 1500km 的双回路交流 500kV 输电线上的低频振荡问题,提高输电线路的传输容量,LASL 和 BPA 合作研制了一台 30MJ/10MW 的 SMES 并将其安装于华盛顿塔科马变电站进行系统试验。30MJ 的 SMES 是超导技术在美国第一次大规模的电力应用,现场试验结果表明 SMES 可以有效解决 BPA 电网中从太平洋西北地区到南加州双回路交流输电线上的低频振荡问题。

1987 年起,美国国防核安全局(United States Defense Nuclear Agency)启动了 SMES-ETM 计划,开展了大容量(1~5GWh)SMES 的方案论证、工程设计和研究。到 1993 年底,R. Bechtel 团队建成了 1MWh/500MW 的示范样机,并将其安装于加利福尼亚州布莱斯,可将南加利福尼亚输电线路的负荷传输极限提高 8%。

1988 年,美国 SI 公司开始进行中小容量(1~3MW/1~10MJ)和可移动 SMES 的开发和商业化,以解决供电网和特殊工业用户的电能质量问题。此后,ASC 公司在 SI 的基础上,又提出了分布式 SMES(Distributed SMES,D-SMES)等概念,并对美国超导诸如改善配电网的电能质量、为对电能质量敏感的工业生产基地提供高质量不间断电源以及提高供电网电压稳定性问题进行了研究。

1990—2004 年间,SI/ASC 公司先后有 20 多台 SMES 投入运行。美国、德国和日本等国家都提出研制 100kWh 等级的微型 SMES,这种 SMES 可为大型计算中心、高层建筑及重要负荷提供高质量、不间断的电源,同时也可用于补偿大型电动机、电焊机、电弧炉、轧机等波动负载引起的电压波动,它还可用作太阳能和风力发电的储能等。美国 AMSC 公司还提出研制一种新的 D-SMES,用于配电网的功率调节。美国已有多台微型超导储能装置在配电网中实际应用,还准备将 100MJ/50MW 的 SMES 安装在 CAPS 基地,SMES 不仅可以为脉冲功率试验提供能量支撑,而且它的现场示范运行对军用和民用 SMES 技术的发展都很有意义。

1999 年,德国的 ACCEL、AEG 和 DEW 联合研制了 2MJ/800kW 的 SMES。2002 年,德国 ACCEL 公司成功推出了 4MJ/6MW SMES 产品,解决敏感负荷的供电质量问题。日本九州电力公司先后研制了 30kJ 以及 3.6MJ/1MW 的 SMES,日本的中部电力公司（1MJ）、关西电力公司（1.2MJ）、国际超导研究中心（48MJ/20MW）也分别进行了SMES的研究工作。

英国预计在2020—2030年，实现100MWh SMES的应用，并希望在2030—2040年这十年间实现1GWh等级的SMES用于平衡日常负荷，帝国理工大学甚至已经预测到SMES的理论潜在容量是2000MW，尽管目前最大的容量仅为10MW。韩国电力研究所已与Hyundai重工合作开发出3MJ/750kVA移动式SMES，用以提高敏感负荷的供电质量。2012年，韩国又设计完成由两个2.5MJ环形SMES串联构造的5MJ SMES。

在世界各国开展的SMES研究和开发，表现出三个明显特征：一是20世纪早期主要研究大容量低温SMES用于电力系统功率调节，开发中小型SMES的现实应用，推进低温SMES的产业化；二是20世纪90年代后期关注于高温超导材料，开展中小型SMES研究，探索多功能化方法；三是近十年各国开始大力发展高温超导SMES技术，但由于单根超导带材的载流量不足以满足工程化储能系统的需要，因此近年来国际上主要趋向于基于高载流复合化导体的工程化高温超SMES的应用研究。部分国外研究单位开发的SMES在电力系统应用情况见表4-1。

表4-1　国外SMES的研究情况部分统计表

研究开发单位	额定参数	磁体系统描述	运行情况
BWX（美国）	100MJ（2004）	线圈采用NbTi CICC导体螺管线圈；额定电流为4000A，额定电压为24000V；能量峰值为96MW，最大交换能量为+/-50MJ（响应时间为0.2~3Hz,15s）	➢验证SMES在高压传输网中对系统的稳定作用 ➢系统于2004年底安装于CAPS进行了系统测试
NEDO（日本）	1MJ/1MW（2002）	超导磁体采用NbTi线材，工作电流为1000A，临界电流为3740A（背场为5T,温度为4.2K）；磁体采用新型扭绞线圈，有效降低交流损耗，确保线圈稳定运行	➢改善敏感电力负荷的电能质量 ➢传导冷却低温超导磁体作为UPS-SMES的关键部分 ➢在NIFS进行长期的现场测试
NEDO（日本）	100MJ/15kWh（2003）	采用低温超导材料NbTi CICC绕制单螺管线圈，线圈最大电流为9.6kA（背场为5.66T）	➢主要用于电力系统安全稳定运行 ➢安装于九州电力公司今宿试验场进行测试评估
NEDO（日本）	100MJ/500kWh（2003）	线圈采用NbTi CICC导体绕制，由4个线圈并列组合,相邻线圈磁场方向相反，线圈最大电流为10kA（背场为4.8）	➢用于电网负荷波动补偿和频率控制 ➢测试结果充分表明SMES技术的可行性
Chubu Electric Power Co. Inc(日本)	1MJ	超导线圈采用Bi-2212线材绕制，额定电流为483A，额定电压为2500V，储能1MJ；高于10 T磁场下仍可以稳定运行	➢用来补偿电力系统瞬时电压降落 ➢结果表明SMES装置长期运行的可靠性，并确保了系统的稳定运行

(续)

研究开发单位	额定参数	磁体系统描述	运行情况
Hosoo 电站（日本）	10MW（2006）	超导线圈储能 10MJ	➢提高系统稳定性和供电品质
ACCEL（德国）	2MJ（1999）	超导线材使用 Cu/CuNi-NbTi,混合基材,最大场强为 4.5T;平时主电路给磁体充电,当主电路故障时 SMES 放电给电容充电然后通过逆变供给负载	➢此系统作为在线 UPS 为 Water Laboratory of the Dortmunder Energie and Wasserversorgung GmbH 提供优质电能,为实验室长期的数据测量提供技术支撑
ACCEL（德国）	150kJ（2002）	超导线圈由 Bi-2223 绕制,20 个饼串联组成,工作电流为 80A,运行温度为 20K	➢安装于与电网相连的 20kVA UPS,用以提高电网质量 ➢同时发挥有源电力滤波器的作用
CNRS（法国）	800kJ（2007）	超导线圈由 Bi-2212 绕制	➢军事用途
KEPRI（韩国）	1MJ/300kVA（2001）	磁体采用 NbTi 材料,3.9T 磁场下工作电流为 900A,储能 1MJ;电流引线采用高温超导体,由 Bi-2223/Ag 线材和铜组成,有效降低电流引线热损耗	➢改善敏感电力负荷的电能质量 ➢测试结果表明电力系统短时间(3s)断电的情况下,输出保持恒定,有效地维持了系统的稳定运行,系统效率为 96%
KEPRI（韩国）	3MJ/750kVA（2006）	电力研究所、Hyundai 重工合作构造磁体,储能达到 3MJ	➢提高敏感负荷的供电质量
KEPRI（韩国）	600kJ（2010）	磁体采用 BSCCO 带材,28 个线饼组成磁体	➢提高电力系统稳定性
KEPRI（韩国）	2.5MJ（2012）	磁体采用 2G REBCO 涂层导体,采用环形磁体结构	➢提高响应速度,稳定电力系统 ➢平衡负载(太阳能、风能)

4.3 国内技术发展现状和趋势

在国内,中国科学院电工研究所是开展高温超导相关研究工作最早的单位,在 HTS-SMES 方面,其主要贡献包括成功研制了国内首台 MJ 级装置,并成功将其应用于国内首个超导变电站——甘肃白银 10.5kV 超导变电站,为 HTS-SMES 的商业化应用起到了巨大的推动作用。

华中科技大学超导电力技术研究中心于 2005 年起,与西北有色金属研究院、浙江大学、中国科学院等离子体物理研究所合作完成"863"项目——35kJ/7kW 制冷机直接冷却 HTS-SMES,并成功进行了动模试验。这是国内首次采用高温超导材 Bi-2223 作为 SMES 磁体绕制材料,进行高温超导磁体研制的可行性探讨。超导磁体采用 Bi-2223 材料绕制,单螺线管结构,内径为 150mm,外径为 272mm,高度为 352mm,由 32 个双饼叠加而成。工作温度为 20K,额定电流为 100A,储能能量达到39kJ。2009年，研发的35kJ/7kW SMES已完成挂网试验，并取得了良好效果，显示出了SMES对维持电力系统稳定运行的重要作用。2011年，超导电力技术研究中心与湖北省电力公司合作，联合研制移动式150kJ/100kW HTS-SMES。2012年，超导电力技术研究中心参与南方电网云南省电力科学研究院100kJ/50kW HTS-SMES的研制工作。2011年，中国电力科学研究院成功研制出国内首台过冷液氮温区千焦级容量的混合式高温SMES，并应用于国家电网公司动模仿真中心的200km输电线路上，实现毫秒级内对电压跌落和功率波动的动态补偿。

4.4 面向工程化兆焦级高温超导储能磁体技术

（1）环形超导储能磁体系统介绍

环形超导储能磁体系统主要由筒体、冷屏、线圈单元、冷却系统、电流引线等部分组成，如图4-2所示。线圈采用热虹吸高效冷却技术来强化磁体支撑传热，导体采用20K强迫冷却进行强制换热。整个系统采用7组冷却结构进行单元冷却设计，每一路冷却均安装冗余的测量和低温阀门控制，保持各支路的流量均匀和流阻一致，使得磁体换热和运行更加高效和安全。

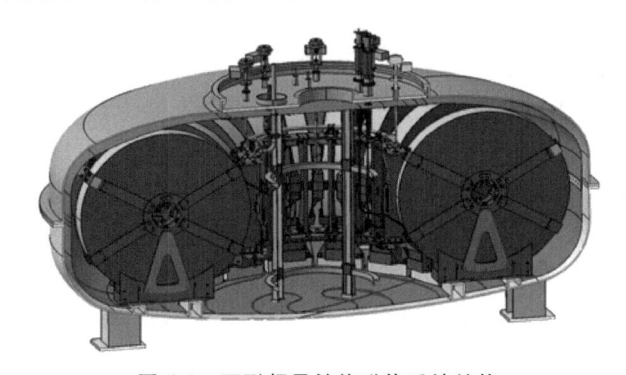

图4-2 环形超导储能磁体系统结构

超导磁体是面向工程化和大型化的，由不同温度下的高温超导带材临界电流特性可知，随着温度的降低，超导带材的临界电流不断提升。因此，要使储能磁体达到MJ量级甚至更高，还可考虑在一定制冷成本下进行降温运行，以提高环形储能磁体的储能量。例如，在相同高场下，若能将运行温度升至20～30K，可使带材获得高于77K运行温度时3～4倍的临界电流，储能量可以得到极大的提高。

（2）高温超导储能磁体成本分析及经济性评估

通过MATLAB编程，在约束条件下求解最优值。先对目标函数进行网格剖分，变成点群，然后用约束条件进行筛选，将符合约束条件的点进行比较，得到最大值。计算效益时，先计算15min内的总收益，进而得到一年内的总收益。在本节中，计算了3MJ、5MJ、10MJ、100MJ四种不同容量下的效益，并对其进行了经济性分析。同时考虑储能系统的使用年限，分别计算了使用寿命为 30 年、50 年、70 年下的不同容量模型的收益情况，并作出了汇总图。

1）用线量分析。

对四种方案的用线量进行汇总，见表 4-2。

表 4-2　用线量汇总

储能量 E/MJ	总用线量 l/km	储能量 E/MJ	总用线量 l/km
3	25.6	10	76.8
5	51.2	100	384

将其绘制成曲线图，如图 4-3 所示。

从图中可以看出，随着储能量的增大，用线量会相应地增大，从而造成工业成本的增多。但是随着系统容量的增大，转换功率也将增大，同时也将减少更多的用户损失。因此总体来看，在一定范围内，随着磁体储能系统的容量增大，即使成本增加，效益仍然会有一定的涨幅。

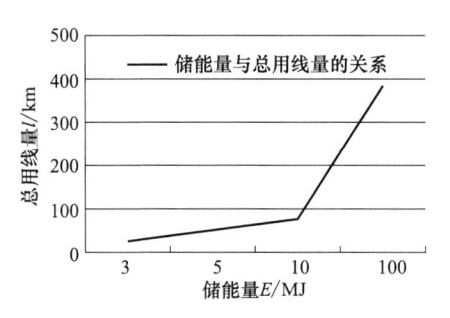

图 4-3　不同储能量的用线量

2）效益分析。

① 方案一中 3MJ 储能磁体系统在不同使用寿命下的仿真数据。

经分析，3MJ 储能磁体系统使用寿命为 30 年的情况下，15min 内总收益值为 4.013812 元。从而可以近似得出一年内储能磁体系统的总收益值为 14.0643 万元。

经分析，3MJ 储能磁体系统使用寿命为 50 年的情况下，15min 内总收益值为 8.801077 元。从而可以近似得出一年内储能磁体系统的总收益值为 30.8389 万元。

经分析，3MJ 储能磁体系统使用寿命为 70 年的情况下，15min 内总收益值为 10.85276 元。从而可以近似得出一年内储能磁体系统的总收益值为 38.0280 万元。

② 5MJ、10MJ、100MJ 储能磁体系统在不同使用寿命下的仿真数据。

以计算 3MJ 储能磁体系统 15min 内的效益为例，可以得到如下仿真数据：

a. 方案二中 5MJ 储能磁体系统使用寿命为 30 年的情况下，15min 内总收益值为 8.678044 元，一年内的近似收益值为 30.4078 万元；使用寿命为 50 年的情况下，15min 内总收益值为 18.05344 元，一年内的近似收益值为 63.2592 万元；使用寿命为 70 年的情况下，15min 内总收益值为 22.07146 元，一年内的近似收益值为 77.3383 万元。

b. 方案三中 10MJ 储能磁体系统使用寿命为 30 年的情况下，15min 内总收益值为 55.11901 元，一年内的近似收益值为 193.1370 万元；在使用寿命为 50 年时，15min 内总收益值为 69.08254 元，一年内的近似收益值为 242.0652 万元；在使用寿命为 70 年时，15min 内总收益值为 75.06690 元，一年内的近似收益值为

263.0344万元。

c. 方案四中100MJ储能磁体系统使用寿命为30年的情况下，15min内总收益值为-40.29152元，一年内的近似收益值为-141.1814万元；在使用寿命为50年时，15min内总收益值为28.72954元，一年内的近似收益值为100.6683万元；在使用寿命为70年时，15min内总收益值为58.30999元，一年内的近似收益值为204.3182万元。

3) 寿命分析。

① 相同容量下不同使用寿命的仿真数据对比。

将以上仿真数据按照相同容量下不同使用寿命的情况进行汇总，得到图4-4所示的对比图。

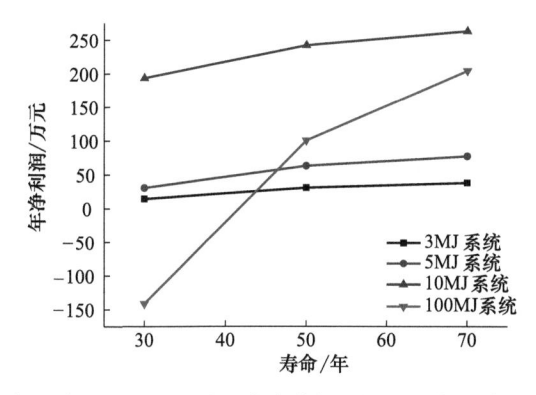

图4-4 相同容量下，不同使用寿命的超导储能磁体系统的年净利润

通过对比图可以看出，相同容量下，随着储能磁体系统使用寿命的增加，效益呈现增长趋势。也就是说，提高储能磁体系统的使用寿命，可以提升系统的经济性。总体来看，高温超导储能磁体系统具有实用性，满足工业化的经济性要求。

② 相同使用寿命下不同容量的仿真数据对比。

将上述仿真数据按照相同使用寿命不同容量的情况进行汇总，得到图4-5所示的对比图。

通过上图可以看出，相同使用寿命下，随着储能磁体系统容量的增大，效益呈现增长趋势。所以，一定程度的增大储能磁体系统的容量，可以提升系统的经济性。值得注意的是，随着储能容量的增大，系统的用线量也将大幅度增长，从而使储能系统的总成本急剧增长，造成系统的经济性变差。方案四中，100MJ系统的用线量为384km，用线量成本过高，而收益却没有大幅度的增长，导致系统的回本时限变长。因此应在合理范围内适当增大储能系统的容量，从而达到最优效益。总体来看，方案三中10MJ系统在使用寿命为70年的情况下，经济性能最优。

(3) 超导储能磁体线圈试验研究与性能分析

1) 超导储能磁体线圈密封度实验测试。

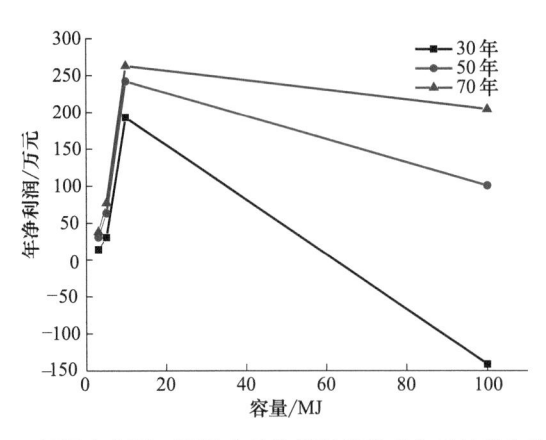

图 4-5　相同寿命下，不同容量的超导储能磁体系统的年净利润

对应用螺旋内冷复合超导体绕制完成的线圈模型进行管内压力、泄漏性能测试，验证其密封性。将超导线圈一端焊接密封，令一端连接氮气瓶，令超导体管内保持加1.0MPa压力。通过3h的加压，发现压力并没有减小，证明线圈管内无泄漏，满足接下来的气冷实验的密封要求。图 4-6 所示为螺旋内冷复合超导体的超导储能磁体线圈绕制示意图。从压力表指针上可见，压力一直保持在 1.0MPa，密封性很好。

2）超导储能磁体线圈匝间绝缘实验测试。

为了验证线圈匝间绝缘的完好性，采用 RZJ-4D 电枢转子匝间冲击测压试验仪来测量模型线圈的匝间对地电压。因为线圈测试

图 4-6　螺旋内冷复合超导体的超导储能磁体线圈绕制示意图

实验过程中所承受的端电压幅值并不大，为数十伏级，所以匝间绝缘耐压选为380V，完全可以满足实验测量要求。图 4-7 所示为超导线圈匝间耐压测试波形。由图可见在 380V 冲击下，线圈模型的耐压完好。

3）超导储能磁体线圈 I_C 实验测试。

图 4-8 所示为超导线圈测试现场和降温过程照片，应用螺旋内冷复合超导体的超导储能磁体线圈导体内为液氮迫流循环冷却，同时外部浸泡在液氮中实现高效冷却。超导线圈接头连接到超导电源的正负极，同时，失超保护装置也并联在超导线圈的两个接头上，当发生失超时会触发导通保护回路，通过释能电阻进行释能。采用自主开发的"电科院储能线圈 mockup 件测试平台"系统进行实验测量。

图 4-7　超导线圈匝间耐压测试波形 　　　　图 4-8　超导线圈测试现场和降温过程照片

针对超导线圈接头测量接头电阻。实验升电流范围为 0～160A，上升速率为 0.5A/s。利用采集的接头 1、接头 2 与电流的数据创建如图 4-9 所示的电压与电流曲线图，根据斜率计算获得接头电阻值。根据图 4-9 和图 4-10 可得出，接头 1 的接头电阻为 7.046μΩ，接头 2 的接头电阻为 12.542μΩ。

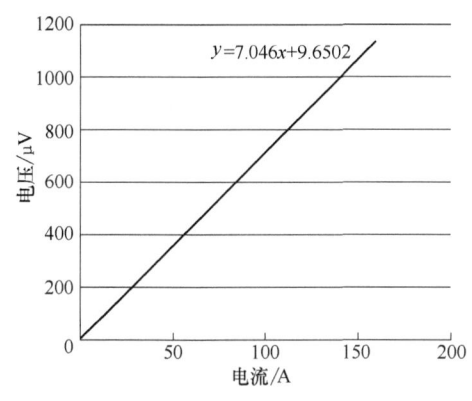

图 4-9　接头 1 的电压与电流曲线图 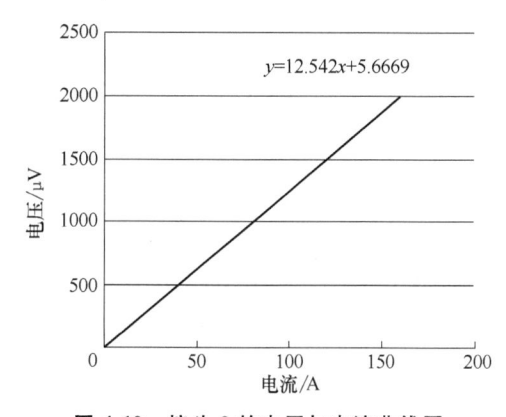　　　　图 4-10　接头 2 的电压与电流曲线图

因电位 V_1、V_2、V_3、V_4、V_5、V_6 所对应的超导线圈长度分别为 1800cm、1500cm、1000cm、1000cm、1500cm、1800cm。归算到单位长度下超导线圈的电场与电流曲线如图 4-11 所示。

4）超导储能磁体线圈通流稳定性测试。

为了测试超导线圈的通流能力，以 1A/s 的速率通入电流，直至 500A，然后保持 20min 通流 500A，最后手动触发降电流。图 4-12 所示为测试软件记录的超导线圈稳定通流 500A 时的各个电压引线电压变化曲线。由图可知，当电流上升时，超导线圈电压有感应电压，而当电流达到 500A 保持不变后，超导线圈上电压为零，超导线圈无电阻，能够稳定通流 500A，未发生失超，证明该超导线圈具有很好的稳定性。

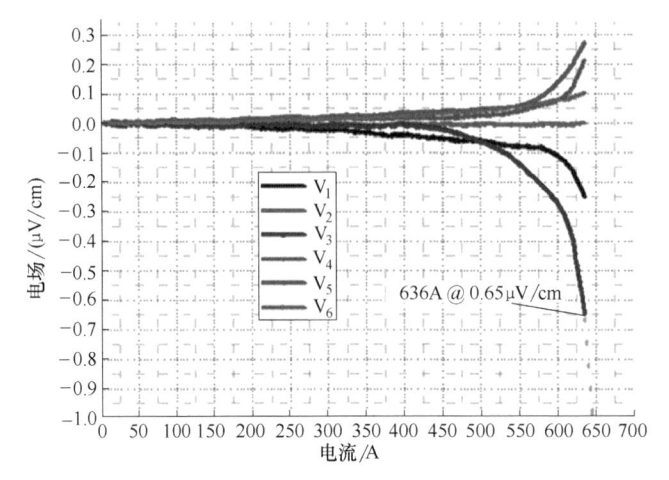

图 4-11 电位 $V_1 \sim V_6$ 电场与电流曲线图

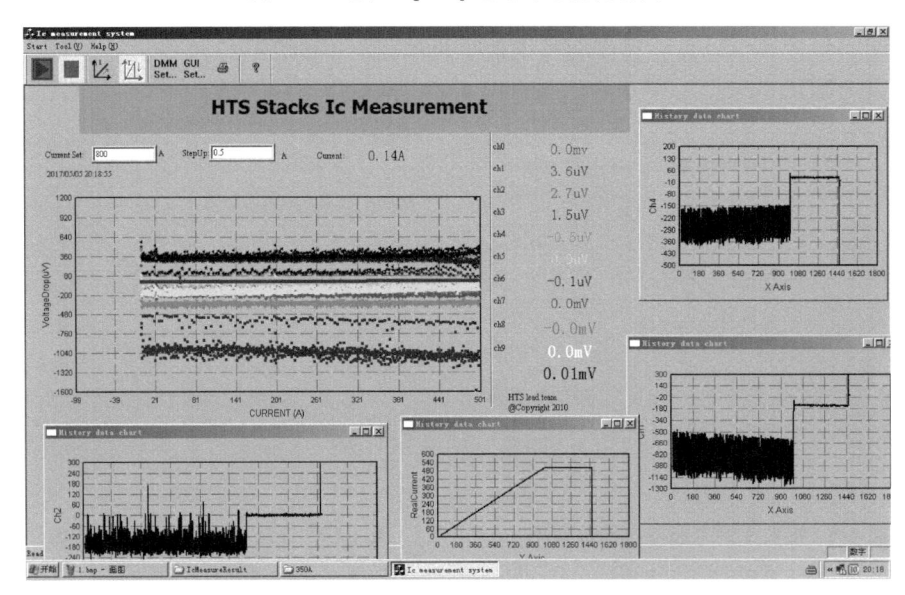

图 4-12 线圈通入 500A 稳定运行 20min（最后手动触发降电流）

5）超导储能磁体线圈磁场实验测试。

霍尔传感器的位置分布图如图 4-13 所示。分别对线圈中心点、内圈及外侧进行磁场的测量。整个测试过程中只有两个霍尔传感器，一个用于贴放于线圈内圈（位置 3）；另一个在第一次通电时贴放于位置 1 用于测量线圈中心垂直磁场、第二次通电时贴放于位置 2 用于

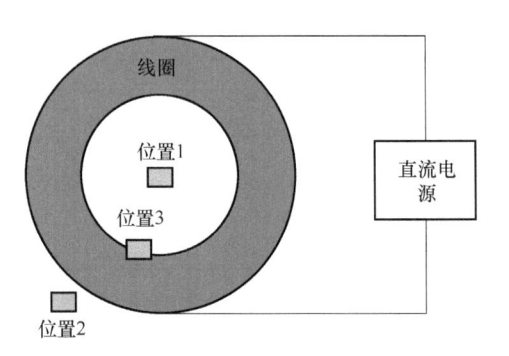

图 4-13 霍尔传感器的位置分布图

测量线圈外侧垂直磁场。当超导线圈通流 500A 时，超导线圈内部各部分的磁场分布值比较见表 4-3。

表 4-3　500A 通流下超导线圈磁场分布值比较

位置	数值/mT	位置	数值/mT
线圈中心垂直磁场	54.4	线圈内圈平行磁场	6.43
线圈外侧垂直磁场	7.5		

6）超导储能磁体线圈应力应变实验测试。

本节用光纤光栅传感器测量超导线圈的温度、应变和应力。磁体分为上下两层，在安装传感器时，选好互成 90°的四个位置，贴上带有聚酰亚胺涂覆层的光栅，光栅栅区要沿着导体的切线方向，如图 4-14 所示每层黏贴 8 根应力光栅。8 个位置要用油性记号笔做好位置标识。

实验系统的构成包括：

① 本系统由传感光纤、光电转换系统、数据采集系统、监控管理软件系统构成。

② 传感光纤与传输系统由光纤传感器和光纤通信网络构成。

③ 数据采集系统由光纤传感分析主机、通信终端等构成。

有效磁体光纤传感器安装分布示意图如图 4-14 所示。

利用光纤传感器测量了磁体线圈的降温冷却过程。如图 4-15 所示，磁体温度从室温 300K 逐渐下降，经过 1000s（近 17min）降到 77K。可见，光纤光栅可以很好地检测室温到液氮温度的整个降温过程。

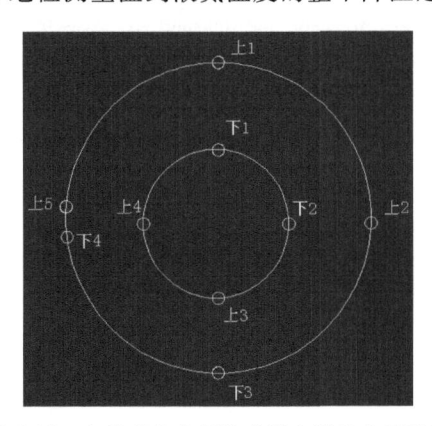

图 4-14　有效磁体光纤传感器安装分布示意图　　图 4-15　光纤传感器测得的磁体降温过程

超导线圈以 1A/s 升流速度，通流到失超时应力和应变实验曲线如图 4-16 所示。从图 4-16a 的测试结果来看，在 1400s 前，随着电流逐渐增加，超导线圈上部位置的应力线性上升，应变值从 0 到 10 微应变；在 1400s 之后，超导线圈各个位置的应力变化斜率增大，超导线圈内径位置 3 处的应力最大，在 630A 超导线圈发生失超，内径位置 3 处应力达到 22.5 微应变。由图 4-16b 可知，线圈底部的应力有波动，变化趋势和超导顶部应力变化趋势一致。这说明在 630A 时底部磁场也是在时时刻刻发生变化的。

a) 超导线圈顶部应力实验波形

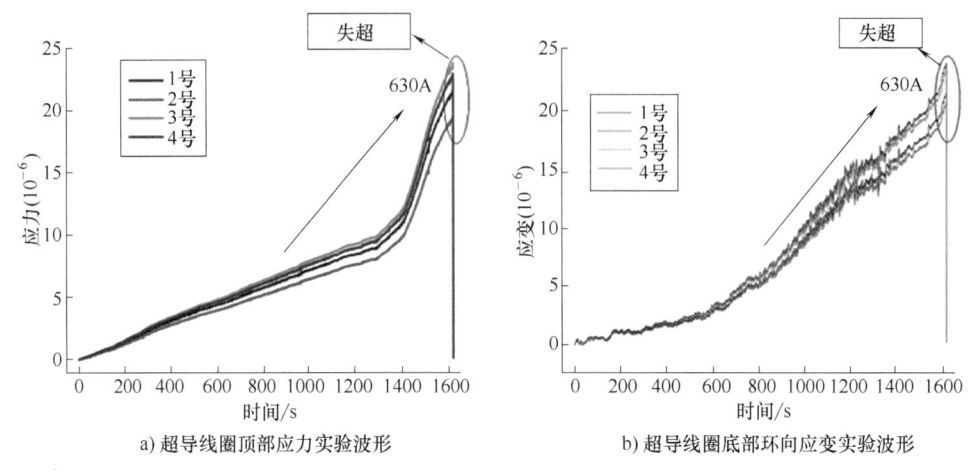

b) 超导线圈底部环向应变实验波形

图 4-16　超导线圈通流 630A 时应力和应变实验曲线

数据处理显示：在液氮励磁的情况下，由于磁场很低，电磁应变变化较小，且结构各部分比较一致，结构的整体变形比较稳定。

参考文献

[1] LAKSHMI L S, LONG N J, BADCOCK R A, et al. Magnetic and transport AC losses in HTS Roebel cable [J]. IEEE Transactions on Applied Superconductivity, 2011, 21 (03)：3311-3315.

[2] BARTH C, WEISS K P, VOJENČIAK M, et al. Electro-mechanical analysis of Roebel cables with different geometries [J]. Superconductor Science and Technology, 2012, 25 (02)：025007.

[3] GOLDACKER W, FRANK A, KUDYMOW A, et al. Improvement of superconducting properties in ROEBEL assembled coated conductors (RACC) [J]. IEEE Transactions on Applied Superconductivity, 2009, 19 (03)：3098-3101.

[4] TAKAYASU M, MANGIAROTTI F J, CHIESA L, et al. Conductor characterization of YBCO twisted stacked-tape cables [J]. IEEE Transactions on Applied Superconductivity, 2013, 23 (03)：4800104.

[5] LEE S, YI K P, PARK S H, et al. Design of HTS toroidal magnets for a 5MJ SMES [J]. IEEE Transactions on Applied Superconductivity, 2012, 22 (03)：5700904.

[6] SHINTOMI T, MAKIDA Y, HAMAJIMA T, et al. Design study of SMES system cooled by thermo-siphon with liquid hydrogen for effective use of renewable energy [J]. IEEE Transactions on Applied Superconductivity, 2012, 22 (03)：5701604.

[7] SANDER M, GEHRING R, NEUMANN H. LIQHYSMES—A 48 GJ toroidal MgB2-SMES for

buffering minute and second fluctuations [J]. IEEE Transactions on Applied Superconductivity, 2012, 23 (03): 5700505.

[8] TRILLAUD F, CRUZ L S. Conceptual design of a 200 kJ 2G-HTS solenoidal μ-SMES [J]. IEEE Transactions on Applied Superconductivity, 2013, 24 (03): 1-5.

[9] SHINTOMI T, ASAMI T, SUZUKI G, et al. Design study of MgB2 SMES coil for effective use of renewable energy [J]. IEEE Transactions on Applied Superconductivity, 2013, 23 (03): 5700304.

[10] JIAO F, TANG Y, JIN T, et al. Electromagnetic and thermal design of a conduction-cooling 150kJ/100kW hybrid SMES system [J]. IEEE Transactions on Applied Superconductivity, 2013, 23 (03): 5701404.

[11] ZHU J, QIU M, WEI B, et al. Design, dynamic simulation and construction of a hybrid HTS SMES (high-temperature superconducting magnetic energy storage systems) for Chinese power grid [J]. Energy, 2013, 51 (03): 184-192.

[12] 丘明, 诸嘉慧, 魏斌, 等. 高温区运行Micro-SMES研发及其系统仿真分析 [J]. 储能科学与技术, 2013, 2 (01): 1-11.

第5章 超导限流变压器

5.1 工作原理

铁心式超导限流变压器结构示意图如图 5-1 所示,主要由铁心、高温超导绕组、低温杜瓦、引线及其他附件组成[5]。

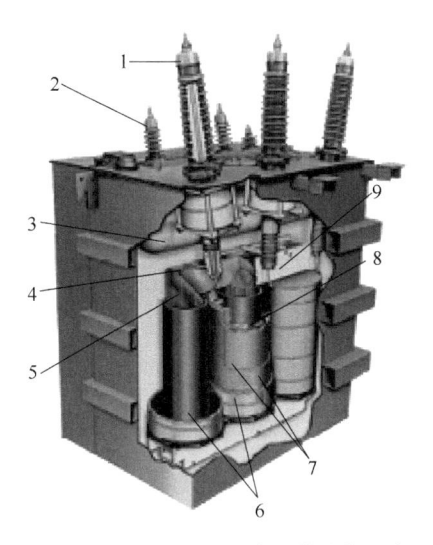

图 5-1 铁心式超导限流变压器结构示意图
1—高压套管 2—低压套管 3—液氮导管 4—高压套管 5—铁心 6—玻璃钢低温杜瓦容器 7——次/二次高温超导绕组 8—液氮 9—铁心夹件

从通流/限流元件的阻抗性质来分,超导限流器通常可分为电阻型和电感型两类。电阻型超导限流器(原理见图5-2)在线路正常输电时,稳态阻抗非常小,限流速度快,但是电阻型超导限流器存在超导带材用量较大、失超恢复较难控制等问题。

电感型(如饱和铁心型)超导限流器超导元件在限流过程中并不失超,无须较长的失超恢复时间,但在限流过程中存在超导绕组高电压冲击和交流绕组匝数较多等问题。因此,需要在实用中进行限流原理创新和技术突破,最终实现超导限流器的高效经济运行[6]。

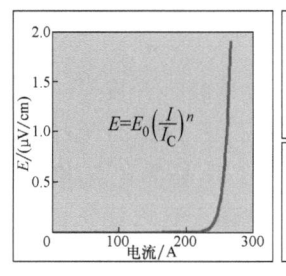

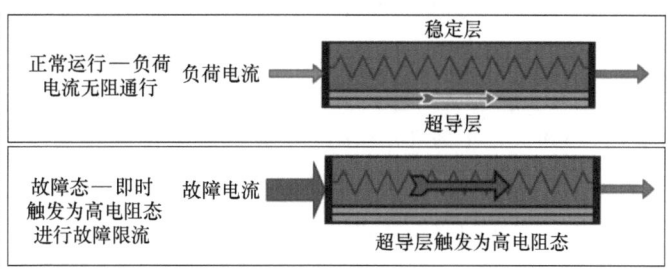

图 5-2 电阻型超导限流器原理图

5.2 国外技术发展现状和趋势

20 世纪 80 年代初,法国首先研制出了低交流损耗的极细丝复合多芯超导线。随后,法国开始对低温超导变压器进行概念设计,提出了适用于输入、输出特性分析和损耗特性分析的等效电路,进行了变压器交流磁场分析,并对线圈稳定性、变压器暂态过程和电力系统故障时主绕组的失超特性进行了研究,探讨了超导故障限流变压器的可行性[2]。

1988 年,日本的 Yamamoto 等学者对容量为 100MVA、变比为 66kV/22kV、频率为 50Hz 的三相高温超导变压器进行研究。此外,九州大学还对 4MVA、25kV/1.2kV 的单相高温超导牵引变压器进行了概念设计,用以研究新干线车辆采用高温超导变压器的可行性。Niigata 大学对 100MVA、132kV/66kV 的三相高温超导自耦变压器进行了概念设计,并比较了空心自耦变压器和铁心自耦变压器的性能,空心自耦变压器的百分比电抗与所需超导带材的长度是铁心自耦变压器的 2 倍,铁心自耦变压器的窗口比空心自耦变压器的窗口小 22%[3]。日本富士电机研制的 66kV/2MVA 变压器如图 5-3 所示。

德国 Karlsruhe 研究中心在 1988 年首次比较了 1000MVA 三相高温超导变压器与常规变压器的性能,在研究中设定高温超导材料的临界电流和交流损耗水平与低温超导体(极细芯 Nb-Ti 超导线)相当,结果表明高温超导变压器的总重量仅为常规变压器的 1/6。

图 5-3 日本富士电机研制的 66kV/2MVA 变压器

1989年美国Argonne国家实验室对1000MVA容量级的三种变压器（常规、低温和高温超导变压器）在30年的使用年限内进行了相对价格和性能的评估。1994年Mumford对30~1500MVA高温超导变压器进行了经济、技术性研究，并与常规变压器和低温超导变压器进行了比较，对不同的J_c值，在30~1500MVA等级内，高温超导变压器的损耗为常规变压器的40%。

ABB和法国电力公司、瑞士日内瓦发电厂、洛桑工业大学联合开发了一台容量为630kVA、变比为18.72kV/0.42kV、工作频率为50Hz的三相高温超导变压器，如图5-4所示。其采用的高温超导材料为Bi-2223，工程临界电流密度为4500A/cm^2，短路阻抗为4.6%，并于1997年3月12日起在瑞士日内瓦正式挂网运行。

图5-4 18.72kV/0.42kV 630kVA变压器

美国电力公司、IGC超导材料公司、橡树岭国家实验室与Waukesha变压器制造厂于1998年5月27日共同研制成功当时世界上最大容量的单相高温超导变压器样机，如图5-5所示。其额定容量为1MVA、变比为13.8kV/6.9kV、频率为60Hz，该样机能承受10倍于额定电流的故障电流并能够稳定运行而不发生热降级，具有较好的稳定性。其成功研制说明了更大容量的高温超导变压器在技术上的可行性及优点。

此外，英国、韩国等各国也对小型高温超导变压器进行了一系列的研究，如英国的牛津超导仪器有限公司与法国的格勒诺布尔电气工程实验室根据欧共体的READY计划共同设计并优化了一台41kVA、2.1kV/0.4kV的单相高温超导变压器。该变压器磁路采用冷铁心结构，其一次绕组采用第一

图5-5 13.8kV/6.9kV 1MVA变压器

代高温超导线——PIT Bi-2223 带材、二次绕组则采用 60m 长的第二代高温超导线——YBCO 带材，目前已完成了部分组件；斯洛伐克科学院电工研究所、捷克斯柯达研究中心（SKODA Vyskum）与德国的 Bergische 大学对 14kVA、400V/200V 的高温超导变压器进行了标准短路测试、开路测试和负载测试；韩国 Soonchunhyang 大学制成并测试了一台 10kVA 的单相高温超导变压器，测试表明该变压器的漏感远高于常规变压器；韩国 Gyeongsang 大学实验研究了饼式-饼式线圈的电极间液氮的击穿特性，以及在两种类型的冷却通道中气泡对绝缘特性的影响。

5.3 国内技术发展现状和趋势

在国内，2005 年在国家"863"项目的支持下，中国科学院电工研究所和新疆特变电工集团有限公司联合研制出我国首台 630kVA、10.5kV/0.4kV 三相高温超导变压器，如图 5-6 所示，并实现了在甘肃白银超导变电站的挂网示范运行。为提升超导变电站的容量，中国科学院电工研究所于 2014 年进一步研制出 1250kVA、10.5kV/400V 三相高温超导变压器，并投入电网运行。2007 年，华中科技大学和株洲电力机车厂合作开发研究 300kVA、25kV/860V 的列车用超导变压器的总体设计。2017 年，上海交通大学采用铜稳定层的 YBCO 超导带材，研制了一台 330kVA、10kV/220V 的单相高温超导变压器，并进行了初步测试。

图 5-6 中国首台 630kVA、10.5kV/0.4kV 三相高温超导变压器

5.4 6kV/125kVA 超导限流变压器技术

在高温超导变压器研究领域，利用超导绕组失超后的高阻抗特性，在超导变压器的基本功能上增加了故障限流能力，从而构造出的超导限流变压器，综合了超导变压器与超导限流器的功能与技术优势，既具有超导变压器的技术优点，同时其优越的故障限流能力又有助于提高电网的稳定性，能够在大容量输电、智能化城市电网和柔性交流输电系统等领域发挥独特作用[4,10]。

(1) 超导限流变压器绕组设计

1) 骨架设计。

本节提出了新型的限流变压器绕组结构：针对高压圆筒式绕组的结构特点设计了由具有星臂结构的端部法兰和 NOMEX 绝缘条组成的新型散热通道结构，针对低压饼式绕组的结构特点采用了由带凹槽的中空层间绝缘带组成的散热通道，使绕组具有良好的散热效果，在失超后能够尽快恢复至超导态[7]。

本节设计的超导限流变压器圆筒式绕组骨架如图 5-7 所示。一次绕组采用多层圆筒式结构，二次绕组采用两个圆筒式绕组并联的结构。采用 NOMEX 绝缘条来分隔两层超导带材，以圆筒式骨架为主要结构、由绝缘条和带材组成层间（轴向）散热通道，提高超导限流变压器绕组的散热性能。

2) 超导限流变压器绕组接头设计。

高温超导线材在临界温度以下处于超导态，通过直流电时没有电阻。而超导绕组间超导线的焊接接头处由于存在焊锡等材料，实际上是一种有阻的状态。整个超导绕组对外表现出的电阻也是焊接接头电阻。超导绕组中常导部分（接头）的存在会导致损耗和发热，在采用传导冷却的超导绕组中也是主要发热源。因此高温超导线材的焊接质量对高温超导绕组磁体的整体性能有着很大的影响。

图 5-7 超导限流变压器圆筒式绕组骨架

考虑到高温超导绕组要进行制冷机传导冷却测试，因此绕组间的接头设计了独立的导冷通路，并设计如图 5-8 所示的铜块进行辅助焊接，同时为双饼接头工作时提供一定的热容[8]。

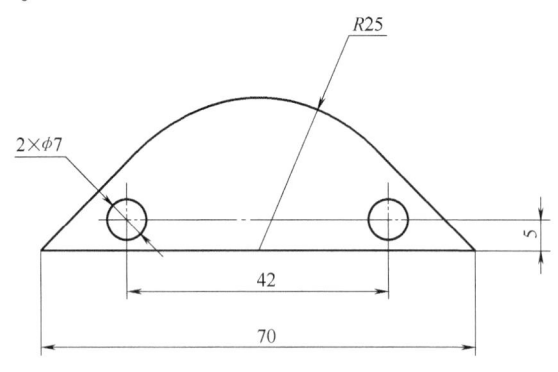

图 5-8 辅助焊接铜块

焊接时先在紫铜接头件外表面焊接一层宽的 YBCO 涂层导体（高温超导面朝外），再将两个出线头（超导面朝里）焊接到这层 YBCO 涂层导体上，实现超导-

超导的面对面焊接,如图 5-9 所示,减小接头处的电阻。

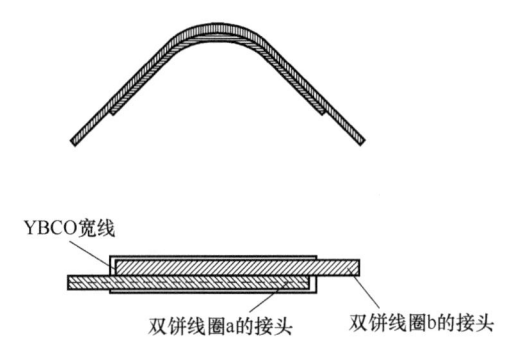

图 5-9 高温超导磁体双饼间焊接示意图

3) 绕组绕制方案。

高压绕组采用多层螺线管式结构,低压绕组采用两端分段圆筒式结构,绕组绕制方案见表 5-1。

表 5-1 绕组绕制方案

参数	指标
额定容量/kVA	125
额定电压/kV	6/0.4
相电流/A	20.8/312.5
铁心型式	单相三柱
铁心直径/mm	240
铁心截面积/cm^2	406.4
叠片系数	0.97
铁心窗高/mm	700
边柱中心距/mm	455
铁心重量/kg	782
铁心磁密/T	1.53
空载损耗/W,损耗密度/(W/kg)	508,0.65
高压线圈结构型式	多层圆筒式
高压线圈匝数	448(8层),56,56,56,56,56,56,56,56
高压线圈并联根数	1,4mm 窄带
低压线圈结构型式	分段多层圆筒式结构
低压线圈匝数	30(6层),5,5,5,5,5,5
低压线圈并联根数	2×2 并,12mm 宽带
高压线圈直径/mm	480/530
高压线圈高度/mm	285
低压线圈直径/mm	360/400

(续)

参数	指标
低压线圈高度/mm	150+150
每匝电压	13.39
导线总长度/m	800m 窄带+160m 宽带
短路电抗(%)	4.15
短路电阻(%)	>50

图 5-10 所示为绕组绕制平台。在绕制过程中，需要增加一定的预应力，且所加的预应力不得超过超导带材的最大许用应力，这是因为超导带材的拉升强度较小，若预应力太大将对超导带材造成严重的机械损伤，导致其超导性能退化。另外，当需要绕制多根并联的超导带材时，需要对带材进行交叉换位处理，以避免线圈产生较大的环流。高压绕组由于电压等级比较小因此采用单根绕制，低压绕组由于电压等级比较大因此采用两根并绕，并进行交叉换位的方式处理[9-10]。

图 5-10　绕组绕制平台

绕制完成的 YBCO 涂层组合导体实物图如图 5-11 所示。

在绕制的超导限流变压器样机实物中，绕组采用层式结构，低压绕组布置在高压绕组里边。图 5-12 所示为绕制完成后固定好的高压绕组和低压绕组。

图 5-11　YBCO 涂层组合导体实物图

图 5-12　超导限流变压器样机实物图

图 5-13 所示为按照设计参数加工的超导限流变压器铁心。

图 5-14 所示为加工的超导限流变压器绕组杜瓦,高压绕组安装于中空位置,贴近杜瓦外壁,低压绕组安装于中空位置,贴近杜瓦内壁。

图 5-13 超导限流变压器铁心 　　　　图 5-14 超导限流变压器绕组杜瓦

图 5-15 所示为高低压绕组安装在玻璃钢杜瓦后的实物图。

图 5-16 所示为组装完成后的超导限流变压器实物图。

图 5-15 高低压绕组安装在玻璃钢杜瓦后的实物图 　　　　图 5-16 超导限流变压器实物图

(2) 故障条件下超导限流变压器的限流特性及失超恢复特性

1) 超导限流变压器的限流特性。

常规带材变压器短路故障时二次电流波形如图 5-17 所示。起始时刻电流峰值为 431A,有效值接近额定电流 312.5A；20ms 后变压器电流瞬时增大,电流最大峰值达到 5.9kA,短路过程电流幅值几乎不衰减；120ms 切除故障后,电流恢复为额定电流。考虑失超后电阻阻值随电流、温度参量的耦合计算,获得超导变压器故障时一次侧和二次侧流过的电流。20ms 后电流迅速增大,最大峰值为 2.63kA,由于传输电流远远超过带材的临界电流进而失去超导性,二次侧表现出阻性进而限制短

路电流,和常规变压器相比,故障电流限制率达到 55.4%;随着温度的升高,变压器阻值迅速增大,相电流呈衰减趋势;120ms 时(短路故障时间 100ms)切除故障后电流减小,而后数值逐渐恢复到额定电流附近。

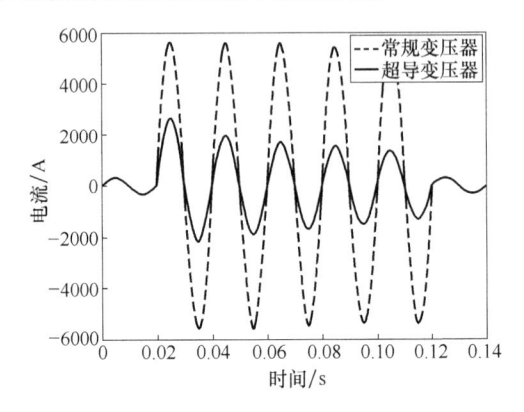

图 5-17 变压器短路故障时二次电流波形

2）短路故障磁场。

采用逐点约束给超导变压器线圈施加交流传输电流来研究短路过程超导限流变压器随电流变化的每一时刻磁场分布。在外边界上加载与传输电流等效的环向磁场,施加电流为前文得到的超导变压器考虑失超后线圈电流、阻值和温度参量耦合的短路电流。第一个周期内超导变压器处于额定运行状态,传输电流接近变压器电流额定值,不同时刻下的高温超导变压器的磁场分布如图 5-18 所示。

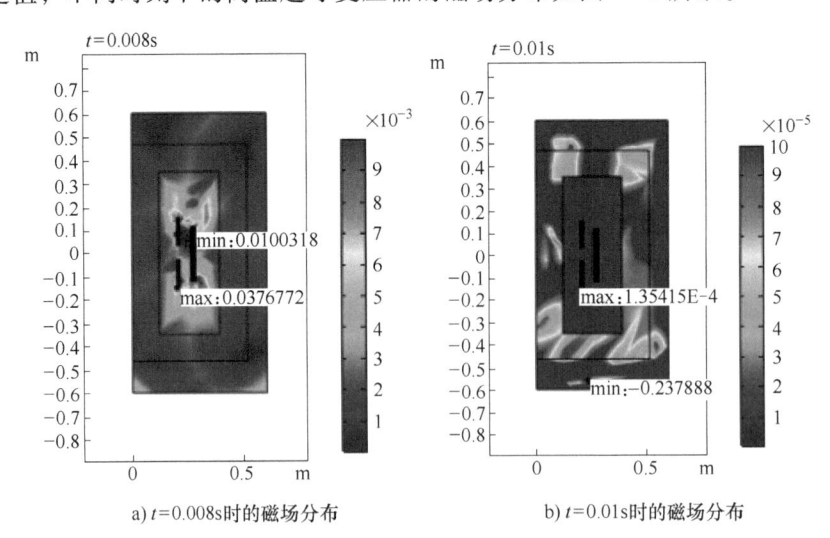

a) $t=0.008s$ 时的磁场分布　　b) $t=0.01s$ 时的磁场分布

图 5-18 第一个周期内额定运行状态不同时刻下的高温超导变压器的磁场分布

20ms 起发生短路故障,比较正弦电流每次达到幅值时的磁场分布特征。不同时刻下的高温超导变压器的电流峰值磁场分布如图 5-19 所示。

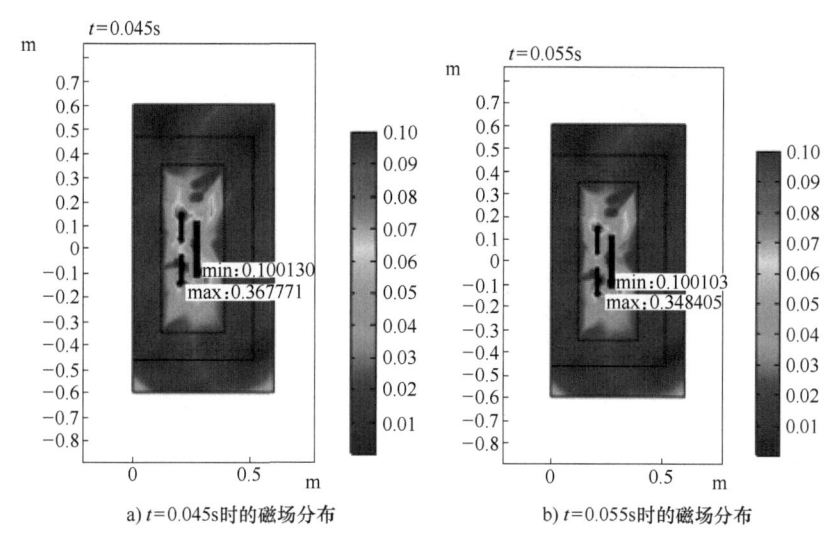

a) $t=0.045$s时的磁场分布   b) $t=0.055$s时的磁场分布

图 5-19 故障发生后不同时刻下的高温超导变压器的电流峰值磁场分布

120ms 后短路故障停止，传输电流迅速减小，不同时刻下的电流峰值磁场分布如图 5-20 所示，最大磁感应强度值减小到 269mT。

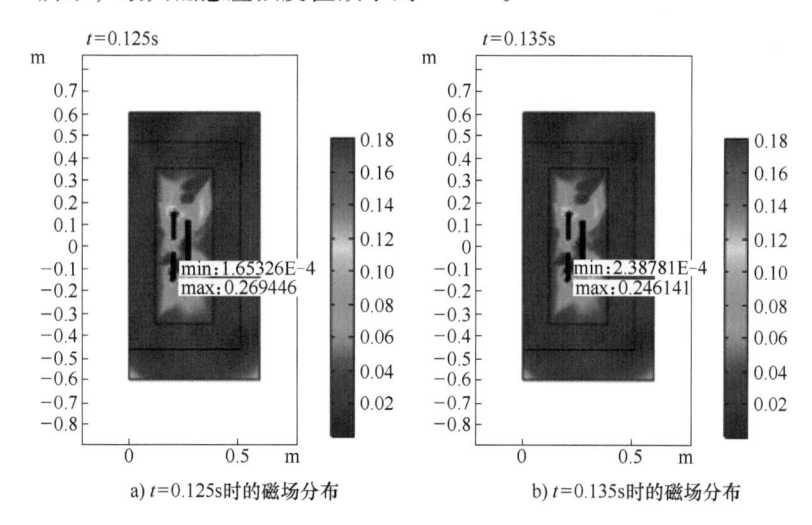

a) $t=0.125$s时的磁场分布   b) $t=0.135$s时的磁场分布

图 5-20 故障停止不同时刻下的电流峰值磁场分布

3）应力分布。

根据前文的短路故障仿真结果，加上应力换算公式即可得到每一个周期电流峰值时刻的应力分布云图（见图 5-21），进而研究短路故障阶段应力分布变化规律。

（3）超导限流变压器的失超及恢复过程温升变化特性

1）短路故障。

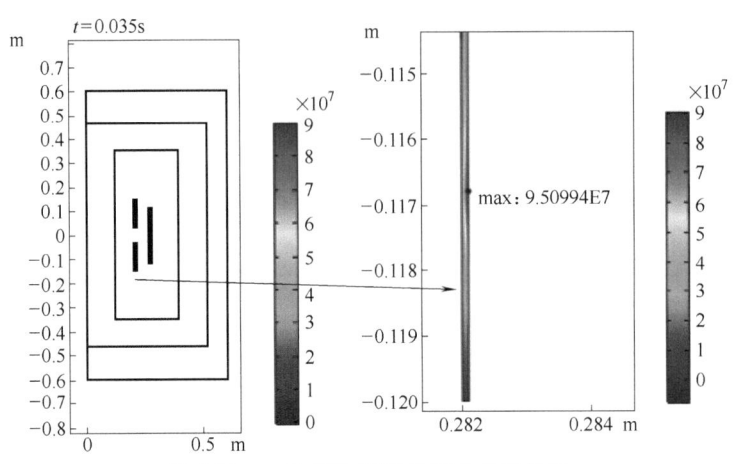

图 5-21 $t=0.035\mathrm{s}$ 时刻的应力分布云图

对超导变压器 0s 时刻起通过逐点约束输入短路故障得到的高电流，模拟短路故障发生；100ms 后传输电流设置为零，模拟故障维持 100ms 后断路器断开，进而得到超导变压器整个短路故障过程绕组材料失超及恢复的温度变化规律。图 5-22 所示为短路故障时超导变压器温度变化曲线，图 5-23 所示为温度达到峰值时刻超导变压器温度分布。

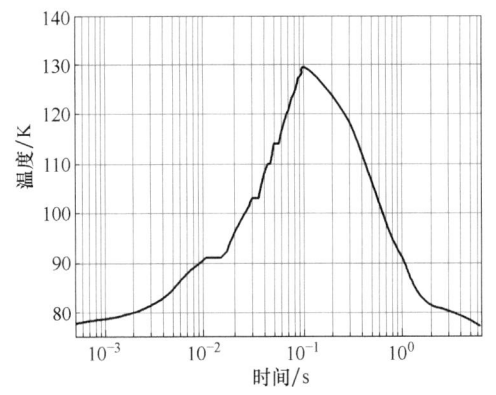

图 5-22 短路故障时超导变压器温度变化曲线

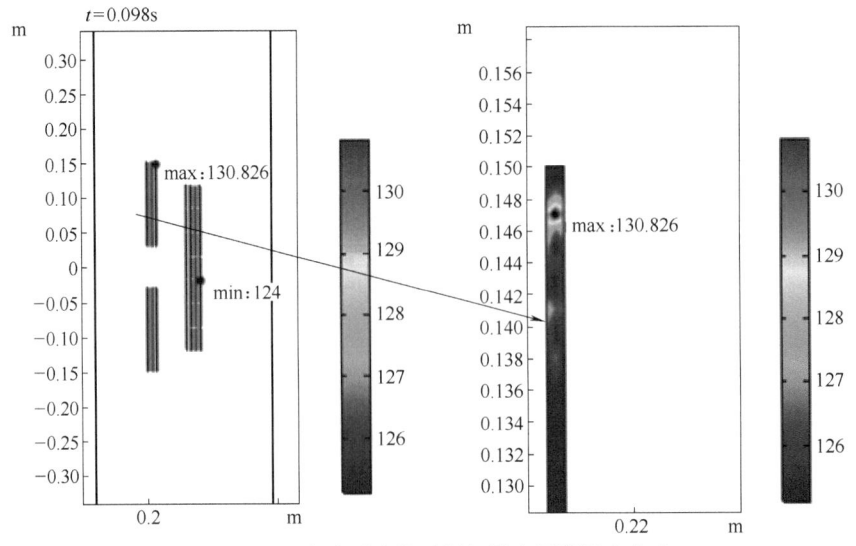

图 5-23 温度达到峰值时刻超导变压器温度分布

2）雷电冲击电场及波过程分析。

6kV 电压没有相应的国标，对应的相电压为 10kV。10kV 电压冲击国家标准为 75kV。因此，对高温超导限流变压器施加 75kV 冲击电压，将变压器铁心接地，可得电势与电场分布，如图 5-24 所示。

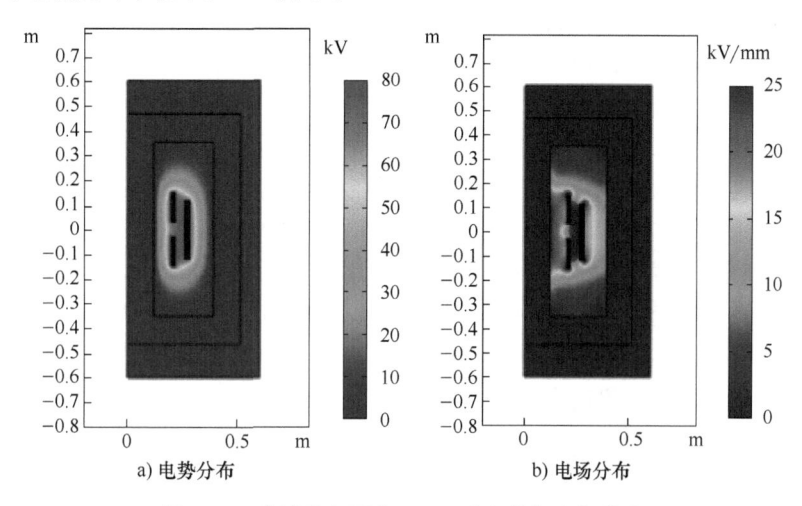

a) 电势分布　　　　b) 电场分布

图 5-24　当试验电压为 75kV 时电势与电场分布

冲击电压峰值设定为 75kV，$10\mu s$ 时刻雷电冲击全波高压绕组上电位分布图如图 5-25 所示，雷电冲击截波高压绕组上电位分布图如图 5-26 所示。

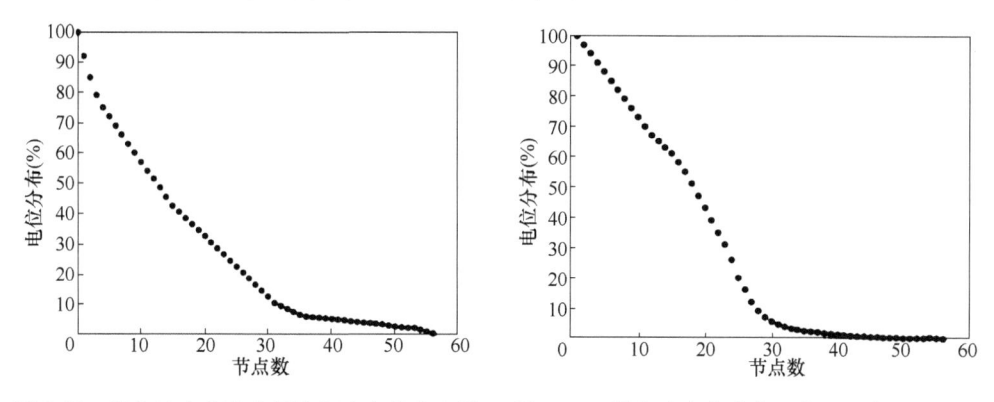

图 5-25　雷电冲击全波高压绕组上电位分布图　　图 5-26　雷电冲击截波高压绕组上电位分布图

从图中可以看出，雷电冲击全波在绕组上产生的电压是不均匀的，首端接近套管部分电位变化较快，匝上电压高梯度较大，而后逐渐减小。雷电冲击截波梯度在首端接近线性，（节点）匝上电压较大，从中间部分 28 匝（节点）到末端电压梯度越来越小，甚至接近于零。

（4）超导限流变压器性能测试

1）额定载流能力试验。

绕组结构不同于带材短样，只要焊点精确就可以测得带材的临界电流，绕组因为其绕组结构以及匝间的相互影响[11]，通入电流之后的电感与电压关系为

$$U = L \frac{di}{dt} \tag{5-1}$$

根据超导限流变压器的特点，额定载流能力试验主要用于考核超导绕组本身的载流能力。分别对高压绕组和低压绕组进行载流能力测试，按照设计要求，自场条件下高压绕组交流额定电流为20.8A，相应的直流临界电流要求为30A；低压绕组交流额定电流为312.5A，相应的直流临界电流要求为440A。低压绕组是由两个圆筒式绕组并联组成的，所以低压侧每个绕组的直流临界电流要求为220A。绕组临界电流测试如图5-27所示。

图5-28所示为高压绕组额定载流能力试验曲线。依据测量结果的趋势值可以看出，高压绕组在运行电流33A的情况下，高压绕组两端电压无明显变化，均小于$0.1\mu V/cm$，即若按照$E = 1.0\mu V/cm$的失超判据，高压绕组的预期临界电流均超过32A，实际指标均超过设计值，满足设计要求。

图5-27 绕组临界电流测试

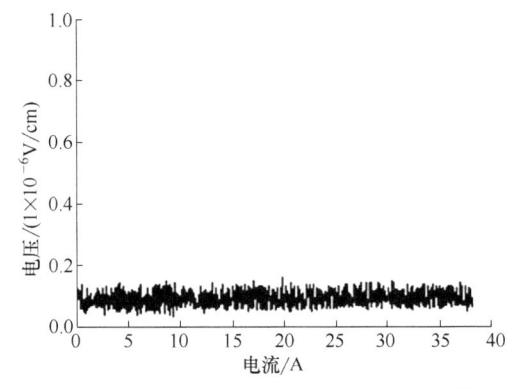

图5-28 高压绕组额定载流能力试验曲线

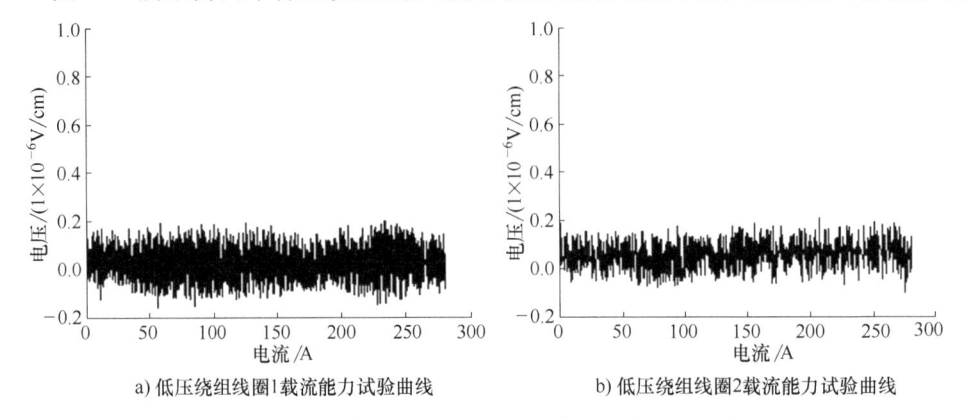

图5-29所示为两个低压绕组线圈额定载流能力试验曲线。根据设计参数，低

a) 低压绕组线圈1载流能力试验曲线

b) 低压绕组线圈2载流能力试验曲线

图5-29 两个低压绕组线圈额定载流能力试验曲线

压绕组的额定电流为312.5A，相应的直流临界电流要求为440A。低压绕组由两个圆筒式绕组并联组成，要求每个绕组线圈的临界电流是220A。试验结果表明，以 $E=1.0\mu V/cm$ 作为失超判据，两个低压绕组临界电流在225A左右，满足设计要求。

2）室温条件下绕组直流电阻测量试验。

试验时将电桥正极与被试验品一端连接，负极与另一端连接。绕组直流电阻测试结果见表5-2。

表5-2 绕组直流电阻测试结果

项目	阻值/Ω
高压绕组	176.96
低压绕组线圈1	2.22
低压绕组线圈2	2.22

3）电压比。

空载时高压绕组电压与低压绕组电压进行比较，得到的值即为变压器的电压比。变压器能否达到变压效果主要是通过变压器的电压比试验。变压器的电压比 K，定义为一次电动势 E_1 与二次电动势 E_2 之比，数值上也等于一次绕组匝数 N_1 与二次绕组匝数 N_2 之比，即

$$K=\frac{E_1}{E_2}=\frac{N_1}{N_2} \tag{5-2}$$

一般要求变压器的电压比误差小于0.5%，即符合要求。采用电压比测试仪对超导变压器的电压比进行测试，测试结果符合国家标准要求。绕组变比测试结果见表5-3。当低压侧电压为402.4V，高压侧空载电压为6015.88V，电压比为14.95，电压比差值为-0.33%。

表5-3 绕组变比测试结果

项目	参考值	测量值	差值(%)	结果
电压比	15	14.95	-0.33	合格

4）阻抗电压。

变压器的阻抗电压是以百分数表示的一个变压器参数，在实际测试时，将变压器的低压绕组短路，高压绕组接至电源，施加额定频率的电压，随着施加电压的增大，当低压绕组的短路电流达到额定电流时，高压绕组所施加的电压（短路电压）与额定电压的比值百分数，即为阻抗电压值。由于一般电力变压器的短路阻抗很小，为了避免过大的短路电流损坏变压器的线圈，短路试验应在降低电压的条件下进行。阻抗电压测试结果见表5-4。

表 5-4 阻抗电压测试结果

高压绕组电压/V	低压绕组短路电流/A
32.5	26
62.3	49
91.43	72
121.7	95
182.7	142
245.8	191
303	235
390	302
399	313
415	333

5）额定容量测试。

变压器额定容量测试一般采用与短路阻抗试验相同的方法，由于超导限流变压器完全浸泡于液氮温度下，温度恒定。试验时将变压器低压侧短路、高压侧加电压，直到高压、低压侧电流达到额定值，由此得到超导限流变压器的额定容量。当短路电流稳定在 314A 时，得到额定容量为 125.2kVA（见表 5-5）。

按照过载大于 5%，当短路电流达到 333A 时，超导限流变压器能够长时间稳定运行。实验中，当低压绕组短路电流达到低压绕组额定电流时，高压绕组施加的电压为 398V，超导限流变压器的阻抗电压为 6.65%。

表 5-5 额定容量计算结果

项目	指标
额定容量/kVA	125.2
稳定运行电流/A	314

（5）超导限流变压器绕组的限流特性测试

通过对变压器的高压线圈、低压线圈、多次连续过电流冲击的实验研究，得出变压器的绕组在自场、液氮浸泡条件下，所具备的故障冲击电流限制能力。

1）实验步骤。

圆筒式绕组的电路接线图如图 5-30 所示。首先闭合 K_1，保持 K_2 断开，此时通过变压器绕组线圈和负载电阻 R 的电流很小，可视为超导限流变压器处于稳态运行。然后通过保持 K_1 状态不变，闭合 K_2 来产生时长为 100ms 的冲击电流。

交流冲击平台如图 5-31 所示。该平台可以按照实际需要来设定冲击电流的初始故障角、冲击时间和冲击电压，冲击时间为 10~3000ms，初始故障角为 0°~360°。

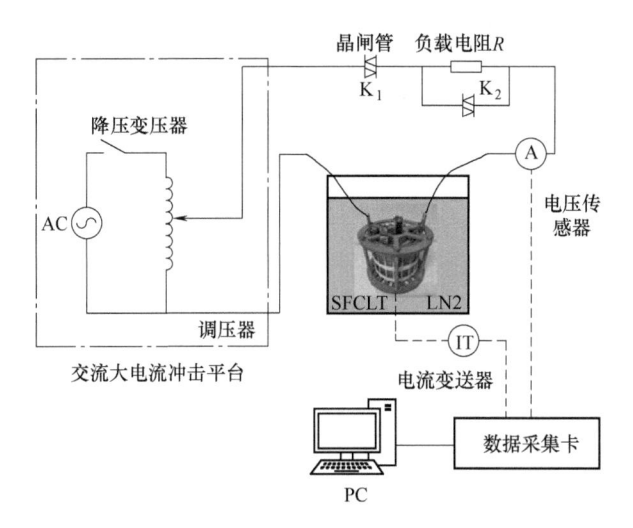

图 5-30 圆筒式绕组的电路接线图

高压圆筒式绕组实物与电路接线图如图 5-32 所示。

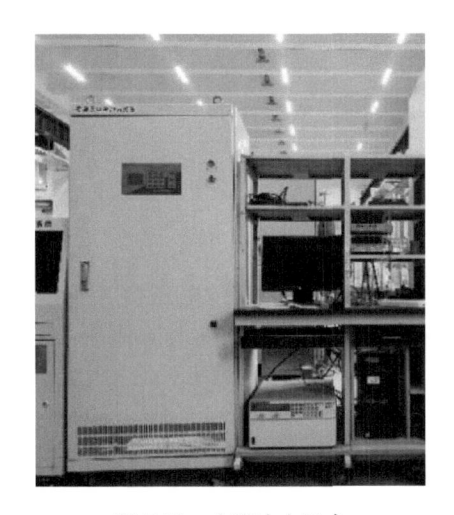

图 5-31 交流冲击平台

图 5-32 高压圆筒式绕组实物与电路接线图

具体实验时通过交流大电流冲击平台的控制面板来设定短时冲击电流的冲击时长为 100ms。然后调节冲击平台的输入电压依次为 60V、90V、120V、180V、240V、300V、360V 和 400V。

2）实验结果分析。

表 5-6 给出了不同冲击电压下的短路电流。

图 5-33 所示为当冲击平台输出电压为 400V 时，短路后高压绕组上实测的电压和电流波形图。

表 5-6 不同冲击电压下的短路电流

冲击电压/V	短路电流/A
60	523.338
90	770.1556
120	934.9364
180	1201.556
240	1373.409
300	1460.042
360	1551.273
400	1642.56

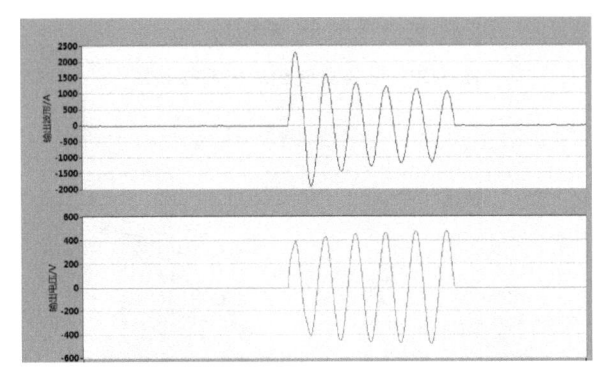

图 5-33 冲击平台输出电压为 400V 时的电压和电流波形图

由前述阻抗电压试验测试结果，得到超导限流变压器的阻抗电压值为 6.65%，由此，不考虑变压器样机失超后的限流功能时，高压绕组的短路电流值为 312.5/0.0665＝4699A。

参考文献

[1] 叶莺，肖立业. 超导故障限流器的应用研究新进展 [J]. 电力系统自动化，2005，(13)：92-96.

[2] ELSHIEKH M, ZHANG M, RAVINDRA H, et al. Effectiveness of superconducting fault current limiting transformers in power systems [J]. IEEE Transactions on Applied Superconductivity, 2018, 28 (03): 1-7.

[3] HAYAKAWA N, CHIGUSA S, KASHIMA N, et al. Feasibility study on superconducting fault current limiting transformer (SFCLT) [J]. Cryogenics, 2000, 40 (05): 325-331.

[4] KAGAWA H, HAYAKAWA N, KASHIMA N, et al. Experimental study on superconducting fault current limiting transformer for fault current suppression and system stability improvement [J]. Physica C: Superconductivity and its Application, 2002 (03): 1706-1710.

[5] JIN J, CHEN X. Development of HTS transformers [C]. Proceedings of the 2008 IEEE International Conference on Industrial Technology, 2008: 1-6.

[6] 李丰梅. 高温超导变压器的设计及优化 [D]. 成都：电子科技大学，2016.

[7] GLASSON N, STAINES M, BUCKLEY R, et al. Development of a 1 MVA 3-phase superconducting transformer using YBCO Roebel cable [J]. IEEE Transactions on Applied Superconductivity, 2011, 21（03）：1393-1396.

[8] HU M, HU D, YE Y W, et al. Characteristic tests of GdBCO superconducting transformer with different iron core structures [J]. IEEE Transactions on Applied Superconductivity, 2017, 27（04）：1-5.

[9] MEHTA S. US effort on HTS power transformers [J]. Physica C：Superconductivity and its Applications, 2011, 471（21）：1364-1366.

[10] WANG Y, ZHAO X, HAN J, et al. Development of a 630kVA three-phase HTS transformer with amorphous alloy cores [J]. IEEE Transactions on Applied Superconductivity, 2007, 17（02）：2051-2054.

[11] KAGAWA H, HAYAKAWA N, KASHIMA N, et al. Operating characteristics of a superconducting fault current limiting transformer （SFCLT） and enhancement of electric power system stability [J]. Electrical Engineering in Japan, 2003, 142（02）：40-47.

第6章 超导同步调相机

6.1 工作原理

超导同步调相机是指定子电枢/转子励磁绕组由能在强磁场下承载高密度电流的超导体绕制成的一种同步电机。它由定子、转子、低温冷却系统、监控与保护系统组成。定子主要由电枢、机座、轴承组成,转子由冷媒传输装置、高温超导磁体、磁体支撑系统、转轴、外转子真空屏等部件组成。典型超导调相机结构如图6-1所示。

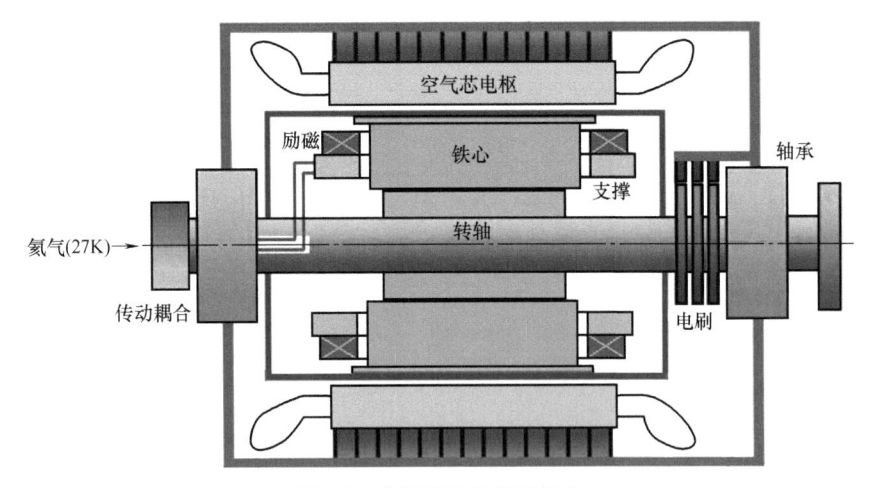

图6-1 典型超导调相机结构

超导同步调相机与传统同步调相机的区别主要在于转子由高温超导磁体提供直流励磁,定子采用气隙电枢。转子内超导磁体的工作温度为20~40K,采用低漏热支撑材料进行支撑并传递扭矩,与外部通过高真空多层绝热进行热隔离,由外部低温冷却系统提供低温冷媒介质,通过冷媒传输装置输入转子内对超导磁体进行冷却,以维持超导磁体的超导状态;定子采用无铁心气隙电枢,避免由于气隙磁密过高引起的定子铁心齿槽严重饱和。超导同步调相机在瞬时无功支撑和暂态响应特性方面均具有非常良好的特性,能有效改善电网短路故障期间系统的过电压和低电压水平。

超导同步调相机由于提高了转子激磁能力,减小了瞬态时间常数,系统无功输出响应时间仅有常规调相机的2/3,而且还能大幅降低调相机运行损耗,输出效率高达99%,大大减小了调相机的体积与重量。

高温超导同步调相机作为前沿技术已被列入我国中长期科学和技术发展规划中,加快高温超导同步调相机的研究具有十分重要的战略意义。超导同步调相机中用高温超导线圈取代常规铜线圈,低温下具有零电阻特性,载流能力远大于铜导线,在给定空间内能产生很强的磁场,通过先进的设计可以使高温超导同步调相机的体积和质量为常规调相机的1/2和1/3,具备高功率密度、高效率、低振动噪声的性能,拥有过载能力强、无周期热负载等优点。

6.2 国外技术发展现状和趋势

(1) 美国

2003年,美国超导公司设计开发了名为SuperVAR的高温超导同步调相机,该调相机的额定功率和转速分别为8Mvar和1800r/min,转子励磁绕组采用Bi-2223/Ag高温超导带材绕制。在发生电压降低时,该调相机可以提供约1min两倍额定值的功率[1]。

2004年10月,美国田纳西河谷管理局(TVA)电网上安装了高温超导同步调相机,用于电弧炉,电弧炉的大量瞬态过程为设备提供了良好的加速老化实验,图6-2所示为现场实验照片。

图6-2 美国8Mvar超导调相机接入电网实验

该调相机在实际电网的测试中表现出优异的无功补偿性能,测试结果表明其效率高达98.8%,比传统铜绕组调相机高1%,并且在低输出下也能保持高效率运行，大幅度减少了系统损耗和运行费用。SuperVAR 除了调节电压，还可以提供 ±12Mvar 的无功功率以稳定电压，其同步电抗相对于其他同容量传统同步调相机要低约 0.5p. u.[2-3]。

1999 年，AMSC 公司研制出首台容量为 3.5MW、转速为 1800r/min 的高温超导电动机。2004 年，该公司与美国海军合作研制出了 5MW 高温超导船用推进同步电动机。该电动机与先前的 3.5MW 超导电动机共享核心技术，磁体采用第一代 BSCCO 高温超导线制作。目前整个项目已经完成实验和测试，样机成为 AMSC 公司新一代高温超导电动机的测试平台。

AMSC 在 5MW 超导推进电动机的基础上，在 2007 年底开发了容量为 36.5MW，转速为 120r/min 的高温超导推进电动机，是世界上该类型最大功率等级的电动机，如图 6-3 所示。转子的工作温度在 30K 以下，由 GM 公司研制的制冷机负责冷却，定子采用绝缘油液冷。整个系统重量仅为 75t，其中电动机部分重 70t，比同功率传统电动机重量减少了 2/3。最大输出转矩达到 2.9MN·m，是截至目前最高功率的超导电动机[4]。

早在 20 世纪 70 年代，美国通用电气公司便开展了高功率密度机载超导发电机的研制，但由于低温超导材料的热稳定性较差和液氦昂贵的制冷成本，超导发电机的应用受到了较大限制。

图 6-3 美国超导公司研制的 36.5MW 超导电动机

（2）欧洲

德国西门子利用第一代超导带材于 2001 年完成了 380kW 高温超导原理样机，该发电机为 4 极，最大磁场为 2.5T，并开展了运行测试证明了其运行可靠性。2002 年又着手开发了 4MW 的高温超导发电机，并与 2005 年完成整机的测试。之后在德国政府的支持下，西门子公司分别于 2007 年和 2012 年完成了两台 4MW 高温超导发电机研制，前者转速为 3600r/min，效率达到了 98.4%，后者效率比同功率传统发电机提高了 1.5%。

2013 年 4 月，由欧委会牵头，西班牙 Tecnalia 能源公司和德国 Karisruhe 技术研究所共同领导的欧洲 SUPERPOWER 研发团队正式形成，成员包括欧洲九家顶尖的新能源企业和科研机构。计划通过使用第一代高温超导带材 BSCCO 和空心电枢结构，研制出容量为 10MW 的高温超导同步风力发电机[6]。

欧洲的远景公司于 2019 年成功研制了一台 3.6MW 的高温超导风力发电机并进行了实际的测试，这也是目前世界上最大的高温超导风力发电机工程样机，样机照片如图 6-4 所示。

（3）日本

日本的三菱电机和富士电机曾于 20 世纪 80 年代合作开发一台 30MVA 的低温超导同步调相机，其转子励磁绕组采用的是 NbTi 和 Nb_3Sn 低温超导绕组。日本的 Super-GM 研究组于 20 世纪 90 年代开发出基于 NbTi 低温超导绕组的 70MW 超导调相机，并在日本关西电力公司的 77kV 电网中实现了 40Mvar 的无功功率的输出，并进行了同步调相机运行模式测试，稳定了电网电压的波动。

日本住友集团于 2004 年和日本工业大学等机构合作分别研制了 12.5kW、50kW 和 400kW 的高温超导同步电机。2009 年日本住友集团又与川崎重工业株式会社合作完成了 1MW、4 极、转速为 190r/min 的高温超导同步电动机的研发，其转子结构如图 6-5 所示。新岛大学于 2011 年设计了一台 10MW 级超导风力发电机。2009 年日本九州大学研制了一台转子型超导发电机，其发电容量约为 7.5kW。之后又于 2016 年研制了一台 20kW、600r/min 的全超导定转子无铁心发电机[6-7]。

图 6-4 欧洲远景公司研制的大功率高温超导风力发电机工程样机

图 6-5 日本 1MW 高温超导同步电动机的转子结构

6.3 国内技术发展现状和趋势

2018 年，南方电网公司启动了"10Mvar 超导同步调相机样机研制"项目，研究其在特高压直流输电网中的应用前景，该调相机的超导转子磁体采用 REBCO 超导涂层导体绕制而成，额定电压为 11kV，当前阶段的中间样机为 100kvar。为验证一些关键技术，广东电网公司委托清华大学开展了百千瓦级超导小型验证样机的研制工作。该小型样机于 2018 年启动研制，至 2020 年 12 月成功验收，取得了阶段性成果。图 6-6 所示为 300kvar 超导同步调相机样机的转子磁体。

国内针对超导电机研发的高校与研究院所主要有中国科学院电工研究所、北京交通大学、清华大学、中国船舶重工集团公司第七一二研究所等。

中国科学院电工研究所在 2005 年成功研制了一台高温超导块材电动机并进行试验。中国船舶重工集团公司第七一二研究所在 "863" 项目的支持下于 2012 年成功研制了 1MW 级船舶推进高温超导同步电动机，实现了满负载稳定运行，该电动机转速为 500r/min，气隙磁通密度为 0.85T，是我国最大的超导电动机。北京交通大学在国家 "863" 高技术基金的支持下制造了 1000N 推力的高温超导感应直线电动机。2012 年清华大学开发了 2.5kW 高温超导发电机，转子采用永磁体。2015 年，清华大学又设计了一台 15kW、150r/min 全超导同步发电机[8-10]。

图 6-6 300kvar 超导同步调相机样机的转子磁体

综上可见，尽管美国、欧洲、日本，以及我国中船重工集团、南方电网公司都已经开展了超导电机技术研究，并完成了一些样机研制，但从国内外发展和现状来看，各国还没有掌握实用化的超导电机设计技术，也未对电网应用方式开展探索，特别是在高温超导调相机设计和应用仿真领域，还处于研究薄弱点。

6.4 50Mvar 高温超导调相机设计技术

（1）总体结构设计

根据同步调相机设计的一般原则，首先应当确定同步调相机的拓扑结构。超导同步调相机的定子频率固定为 50Hz，为降低转速以降低超导转子的设计难度，同时又要控制同步调相机的体积，需综合考虑转子极数和转速。由理论分析可知，转子转速较低可减小超导励磁绕组配套低温冷却系统的设计难度。但过低的转速会增大同步调相机的有效体积，对其经济性造成不利影响。经过综合考虑，最终确定转子的额定转速为 1500r/min。

超导同步调相机样机的二维电磁有限元仿真模型示意图（1/4 模型）如图 6-7 所示。转子励磁绕组采用高温超导带材绕制而成。为避免定子铁心饱和导致的损耗增大、过度发热的现象，该调相机的定子为无磁性齿定子结构，即定子齿采用环氧树脂等非金属材料制造，而背铁仍采用叠压的硅钢铁心。为进一步提高功率密度，定子绕组为水内冷绕组，并且采用较为传统的双层分布式绕组形式。

超导材料电流密度高，可产生强磁场，定子可采用无磁性齿结构，可以大幅度

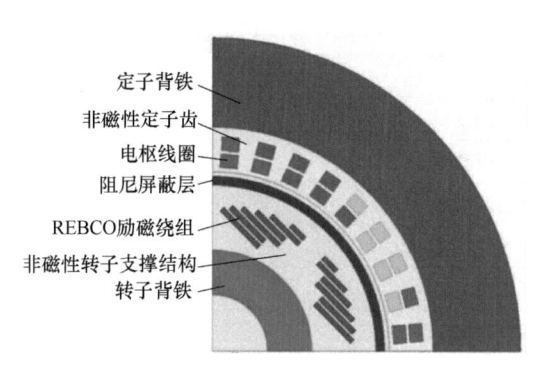

图 6-7 超导同步调相机样机的二维电磁有限元仿真模型示意图

降低定子同步电抗，可以以较小的转子电流调整率实现较大的定子无功输出能力。在结构方面，定子线圈支撑结构是一种新结构，靠不锈钢板开槽来支撑着所有线圈。不锈钢板槽底是结构受力的关键部位，有限元仿真可以对关键部位的受力进行精确计算，分析结果可以指导结构设计，也能为结构后续的优化设计提供很好的参考作用。非铁磁性定子绕组支撑结构横截面如图 6-8 所示。

50Mvar 超导同步调相机的定子内径初步设置为 $D_{i1}=1220$ mm，极距 τ 的计算公式如下：

$$\tau = \frac{\pi D_{i1}}{2p} \quad (6-1)$$

式中，定子外径 $D_1 = D_{i1} + K\tau$；K 为比值经验系数，$K=0.88$。代入定子内径和极距的数值，计算可得 $D_1 \approx 2060$ mm。气隙长度 h_δ 是一个非常重要的尺寸参数，与调相机的静态过载能力、励磁功率以及附加损耗有很大关系，影响着调相机的技术和经济指标。气隙长度的表达式如下[11]：

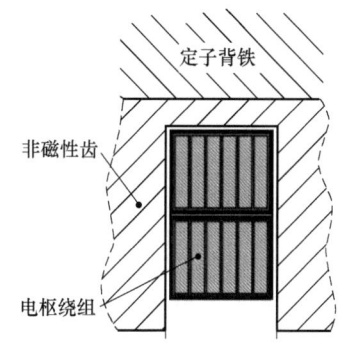

图 6-8 非铁磁性定子绕组支撑结构横截面

$$h_\delta \geq K_c \frac{K_0 A \tau}{B_{\delta N}} \times 10^{-3} \text{cm} \quad (6-2)$$

式中，K_c 为短路比，对自励恒压型同步调相机，可取 $K_c = 0.25 \sim 0.7$；$B_{\delta N}$ 为空载工况下的气隙磁密，单位为 T；K_0 为经验系数，取值范围为 $0.22 \sim 0.24$。

采用不均匀气隙设计，多个励磁线圈沿转子铁心表面径向堆叠，使超导调相机的气隙磁通密度分布更加接近正弦形。物理气隙长度（包含环氧树脂）在转子的磁极中心处最小，且逐渐向两边增大，并在底层线圈处达到最大。对于 50Mvar 大容量同步调相机的参数选择，一般取 $K_0 = 0.22$、短路比 $K_c = 0.25$，代入计算可得气隙长度 $h_\delta \approx 30$ mm。

综上，50Mvar 超导同步调相机的主要尺寸参数见表 6-1。

表 6-1 50Mvar 超导同步调相机的主要尺寸参数

参数	值
转子铁心内径/mm	80
转子铁心厚度/mm	170
转子铁心外径/mm	420
磁极支撑结构厚度/mm	370
转子外径/mm	1160
气隙长度/mm	30
定子内径/mm	1220
极距/cm	95.82
定子齿距/mm	112.6
定子齿宽/mm	56.2
定子槽宽/mm	60
定子槽深/mm	50
定子齿高度/mm	120
定子铁心内径/mm	1460
定子铁心外径/mm	2060
定子铁心厚度/mm	300
定子铁心长度/mm	2315

(2) 电磁设计

1) 电枢绕组设计。

在初步设计方案中，取电枢线负荷 $A=900\text{A/cm}$，由式（6-3）和式（6-4）计算得到定子每相绕组的串联导体数 $N=36$。取调相机的并联支路数 $a=6$，则超导调相机每槽导体数 $N_\text{S}=18$。

$$N = \frac{\pi D_{i1} A}{m I_\text{N}} \tag{6-3}$$

$$N_\text{S} = \frac{maN}{Z} \tag{6-4}$$

式中，m 为相数；Z 为定子槽数；a 为电枢绕组的并联支路数。

电枢绕组单层分布在定子槽内，每个绕组线圈的匝数 $W_\text{C}=N_\text{S}=18$。绕组的支撑结构由非铁磁性材料（环氧树脂）制成，不仅减轻了超导调相机的重量，还有效抑制了铁磁性定子齿在高场下的磁饱和，因而能进一步增大气隙磁密。此外，由于不存在铁磁性定子齿，调相机输出电压波形中的齿谐波含量也大大降低。

但这种结构会使得定子绕组直接接触较高的气隙磁场，从而导致线圈导体中感应出大量的涡流损耗。为减小绕组温升、保证匝间绝缘、同时降低嵌线的难度，电枢绕组线圈一般采用被称作利兹线的细丝化铜线进行绞制。当同步调相机内部的气隙磁通密度约为 1.5T 时，细铜线直径的最佳选择范围是 1~1.7mm。故本节设计使用直径为 1.5mm 的细铜线制作定子绕组线圈，这样既能降低损耗，还能满足导线的机械强度要求，避免其在绕制过程中出现折断。

在设计定子绕组结构的过程中，参考已有的设计方案并结合工程实际，初步确定电枢线负荷为 900A/cm。单根直径为 1.5mm 的细铜线，其通流密度大约为 8.3A/mm^2。超导调相机的额定电流 I_N = 2886.8A，则定子线圈每匝导体的有效通流面积至少为 348mm^2，共需细铜线约 180 根。定子线圈的每匝导体由 6 束利兹线组成，每束利兹线由 30 根细铜线组成。为增强散热，电枢绕组还采用了液冷管道传导冷却，从而使超导调相机能够在较长时间内维持 50Mvar 的最大无功功率输出。图 6-9 显示了定子槽中电枢绕组线圈每匝导体的横截面。

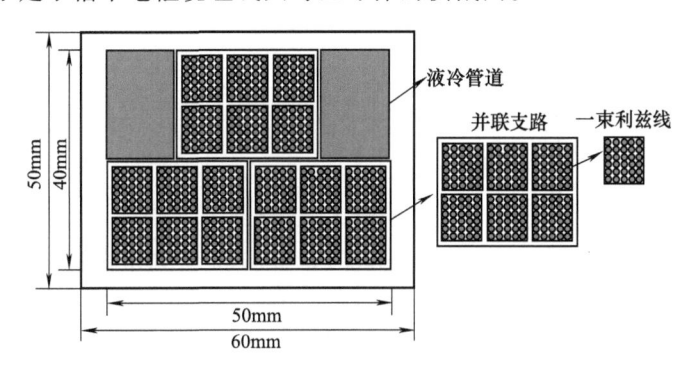

图 6-9 定子槽中电枢绕组线圈每匝导体的横截面

2) 超导励磁绕组设计。

转子的每个磁极上堆叠了 6 个由 REBCO 超导带材绕制的跑道型饼状线圈，通过改变不同线圈的匝数和位置，使其按近似正弦的形状排列。采用这种方式，能有效改善超导调相机内部的气隙磁通密度分布，从而降低输出电压波形中的谐波含量。

为充分确保 REBCO 带材的超导性能，避免弯曲应变导致带材通流能力下降，励磁线圈的最内匝宽度应大于带材的最小转弯直径。上海超导公司给出的测试数据表明，其生产的 REBCO 超导带材在 77K 温度条件下的最小转弯直径大约为 20mm。考虑到要留有一定的安全裕量，在设计时，保守估计励磁线圈的最内匝宽度 W_{coil} 至少为 40mm。在本节 50Mvar 超导同步调相机的设计中，转子的每个磁极上共安装有 6 个跑道型励磁线圈，其最内层超导带之间的宽度分别为 $W_{coil\_1} = W_{coil\_2}$ = 370mm、$W_{coil\_3} = W_{coil\_4}$ = 270mm、$W_{coil\_5} = W_{coil\_6}$ = 180mm，均大于带材的最小转弯直径。这既能防止超导带材弯曲程度过大而出现机械损伤，又有利于减小励磁线圈最内匝的外磁场强度，进而降低带材的失超风险[12]。

通过理论公式计算可得，当超导转子在空载励磁工况下产生 $B_{\delta N}$ = 1.6T 的气隙磁通密度时,其单个磁极所需的励磁安匝数为 $I_{f0}N_f \approx 6.4 \times 10^5 A$。参考同类型常规同步调相机的运行情况,当电网中出现故障时,调相机转子励磁绕组中的短路冲击电流幅值通常可达到 I_{f0} 的 2~3 倍。因此,需选取合适的空载励磁电流 I_{f0} 以避免在暂态电流冲击下励磁绕组发生失超、损坏。

REBCO 超导带材的临界电流 I_c 在不同温度和垂直磁场强度影响下的变化情况如图 6-10 所示[13]。

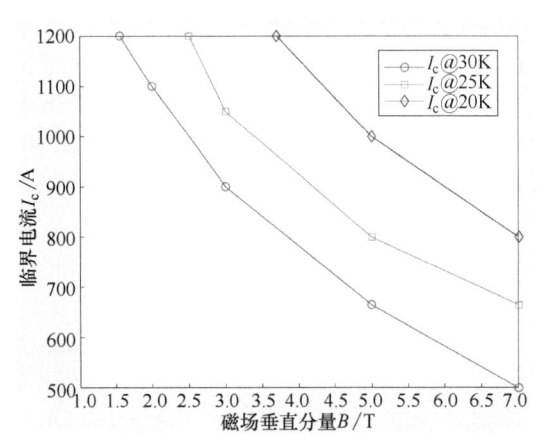

图 6-10 不同温度下 REBCO 超导带材的临界电流 I_c 随外磁场变化情况

根据仿真结果并考虑励磁线圈的实际通流能力,初步设定超导励磁绕组的空载励磁电流 $I_{f0} = 319A$。

(3) 低温制冷方式选择

基于系统的零蒸发需求,采用制冷机冷却的氦气闭环低温制冷原理,如图 6-11 所示。GM 制冷机通过冷头换热器对常温氦气进行冷却,再通过氦气泵提供循环动力将低温冷氦气传输至外部冷却转子超导磁体,升温后的氦气继续返回至 GM 制冷机再冷却,如此循环往复,直至磁体降温至工作温度,实现了低温制冷循环的连续运行。

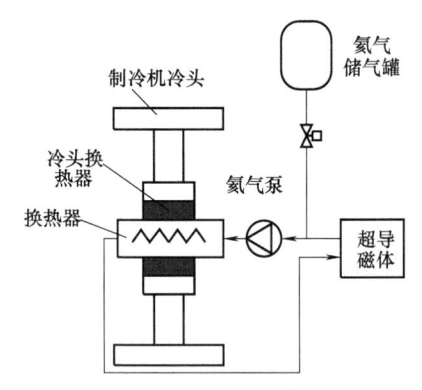

图 6-11 闭环氦气冷却原理

将降温过程中的冷头和超导磁体等效看作两个不同的温度点时,降温计算模型可简化,如图 6-12 所示。

根据传热学定律,并将时间参数离散化处理。对于冷头换热器,在 i~$i+1$ 时刻有热平衡方程,如下所示:

$$m_c C_c \frac{t_c^{i+1} - t_c^i}{\Delta t} = -Q_1(t_c^i) + Q_{cl}(t_c^i) - m_{He} C_{He}(t_{out}^i - t_{in}^i) \quad (6-5)$$

对 i 时刻进出冷头换热器的氦气热平衡方程为

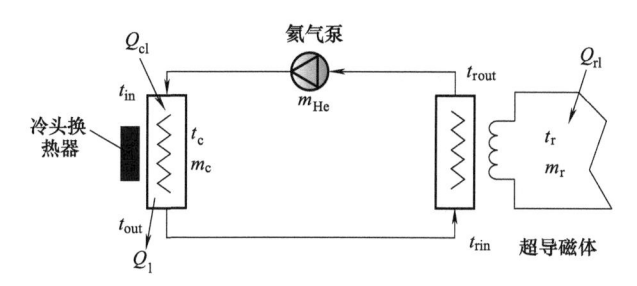

图 6-12 降温计算模型

$$K_c F_c \left(t_c^i - \frac{t_{out}^i + t_{in}^i}{2} \right) = m_{He} C_{He} (t_{out}^i - t_{in}^i) \quad (6-6)$$

对超导磁体在 $i \sim i+1$ 时刻热平衡方程为

$$m_r C_r \frac{t_r^{i+1} - t_r^i}{\Delta t} = Q_{rl}(t_r^i) + m_{He} C_{He} (t_{rin}^i - t_{rout}^i) \quad (6-7)$$

在 i 时刻,对进出超导磁体的氦气热平衡方程为

$$K_r F_r \left(t_r^i - \frac{t_{rout}^i + t_{rin}^i}{2} \right) = m_{He} C_{He} (t_{rout}^i - t_{rin}^i) \quad (6-8)$$

同时,对出冷头与进超导磁体的氦气,由于管道热损耗小,可以认为:

$$t_{rin}^i = t_{out}^i \quad (6-9)$$

对出超导磁体与进冷头的 i 时刻的氦气,考虑氦气泵损耗,则有:

$$t_{in}^i = t_{rout}^i + \frac{Q_p}{m_{He} C_{He}} \quad (6-10)$$

式中,m_c、C_c、m_r、C_r 分别为冷头的重量、比热与超导磁体的重量、比热;m_{He}、C_{He} 分别为氦气在某一时刻的质量流量与比热;F_c、F_r 分别为冷头与超导磁体传热面积;t_c^i、t_c^{i+1} 分别为当前时刻与下一时刻的冷头温度;t_r^i、t_r^{i+1} 分别为当前时刻与下一时刻的超导磁体的温度;t_{in}^i、t_{out}^i 分别为进出冷头换热器的氦气温度;t_{rin}^i、t_{rout}^i 分别为进出超导磁体的氦气温度;$Q_1(t_c^i)$ 为与冷头温度 t_c^i 相关的制冷量;$Q_{cl}(t_c^i)$ 为与冷头温度 t_c^i 相关的制冷装置漏热量;$Q_{rl}(t_r^i)$ 为与超导磁体温度 t_r^i 相关的漏热量;Q_p 为某时刻氦气泵热损耗,与氦气温度相关;Δt 为 $i+1$ 时刻与 i 时刻的时间间隔。

(4)超导调相机二维有限元仿真及结果分析

为提高计算准确度,本节建立了如图 6-13 所示的超导调相机全尺寸模型,并按照图 6-14 进行网格剖分。

在正常励磁工况下,励磁电流 $I_{f0} = 319A$。此时,超导调相机的额定电压 $U_N = 10kV$,相电压峰值 $U_{p0} = \sqrt{2}(U_N/\sqrt{3}) \approx 8.2kV$。

图 6-15 和图 6-16 所示分别是在电磁仿真软件中得到的超导调相机在 $I_f = I_{f0} = 319A$ 时的输出电压以及内部磁场分布。

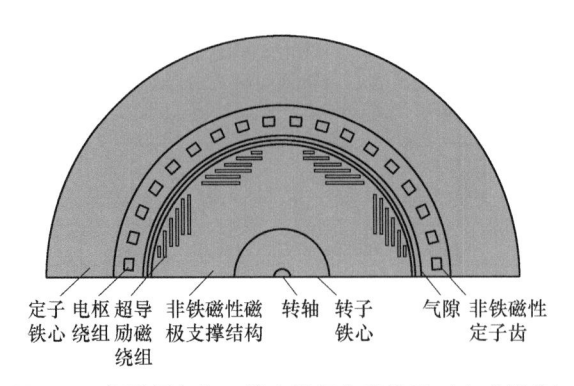

图 6-13 超导调相机二维有限元仿真模型（上半部分）

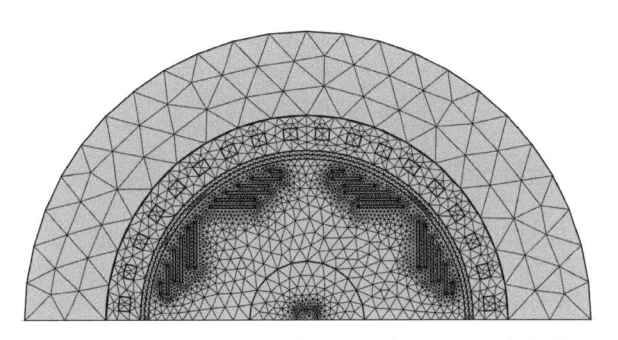

图 6-14 超导调相机二维有限元网格剖分（上半部分）

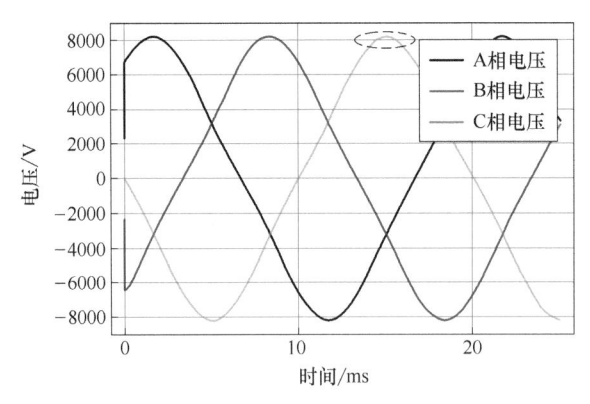

图 6-15 $I_f = 319A$ 时的输出电压

从图 6-17 中可以看出，当励磁电流 $I_f = 319A$ 时，调相机的空载电动势峰值（单相）$E_{p0} = U_{p0} \approx 8.2kV$，空载气隙磁通密度 $B_{\delta N} = 1.6T$。此外，各超导励磁线圈所承受的最大外磁场出现在其最内匝处，且超导调相机内部磁感应强度的最大值 $B_{max} = 2.35T$。

根据二维有限元仿真结果，表 6-2 显示了超导调相机在额定无功功率调节范围内不同励磁电流 I_f 所对应的空载电动势峰值 E_p。

时间=20ms　　　表面：磁通密度模(T)

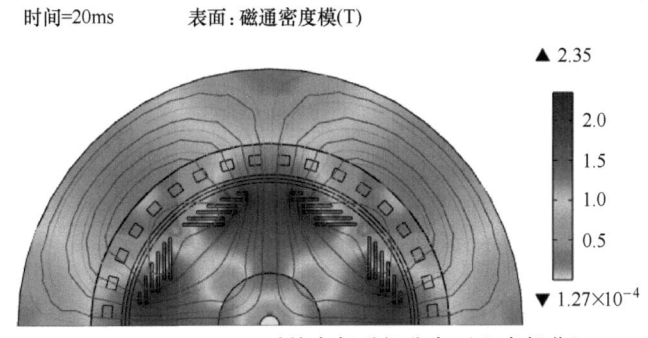

▲ 2.35

2.0
1.5
1.0
0.5

▼ 1.27×10⁻⁴

图 6-16　I_f = 319A 时的内部磁场分布（上半部分）

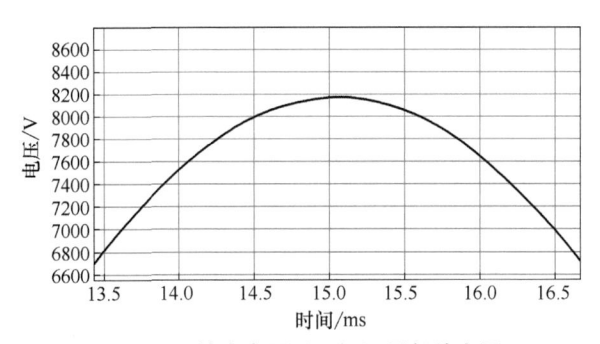

图 6-17　输出电压（C 相）局部放大图

表 6-2　50Mvar 超导同步调相机空载输出特性

励磁电流 I_f/A	单相空载电动势峰值 E_{p0}/kV	励磁电流 I_f/A	单相空载电动势峰值 E_{p0}/kV
319	8.18	439	11.2
359	9.20	479	12.17
399	10.21		

图 6-18 展示了超导调相机的空载电动势峰值随励磁电流的变化曲线。

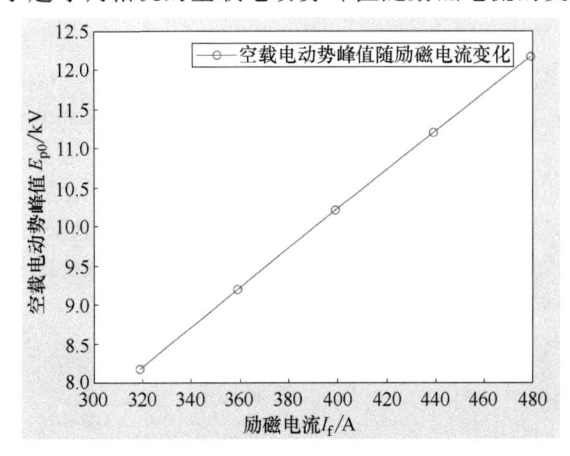

图 6-18　超导调相机的空载电动势峰值随励磁电流的变化曲线

参考文献

[1] KALSI S, MADURA D, HOWARD R, et al. Superconducting dynamic synchronous condenser for improved grid voltage support [C]. 2003 IEEE PES Transmission and Distribution Conference and Exposition, 2003: 742-747.

[2] KALSI S S, MADURA D, INGRAM M. Superconductor synchronous condenser for reactive power support in an electric grid [J]. IEEE Transactions on Appiled Superconductivity, 2005, 15 (02): 2146-2149.

[3] KALSI S, MADURA D, MACDONALD T, et al. Operating Experience of superconductor dynamic synchronous condenser [C]. 2005/2006 IEEE/PES Transmission and Distribution Conference and Exhibition, 2006: 899-902.

[4] KALSI S S, MADURA D, SNITCHLER G, et al. Discussion of test results of a superconductor synchronous condenser on a utility grid [J]. IEEE Transactions on Applied Superconductivity, 2007, 17 (02): 2026-2029.

[5] SNITCHLER G, GAMBLE B, KALSI S S. The performance of a 5 MW high temperature superconductor ship propulsion motor [J]. IEEE Transactions on Applied Superconductivity, 2005, 15 (02): 2206-2209.

[6] FRANK M, NEROWSKI G, FRAUENHOFER J, et al. High-temperature superconducting rotating machines for ship applications [J]. IEEE Transactions on Applied Superconductivity, 2006, 16 (02): 1465-1468.

[7] GAMBLE B, SNITCHLER G, MACDONALD T. Full power test of a 36.5 MW HTS propulsion motor [J]. IEEE Transactions on Applied Superconductivity, 2011, 21 (03): 1083-1088.

[8] WU Q, SONG P, YAN Y, et al. Design and testing of a gas-helium conduction cooled REBCO magnet for a 300kvar HTS synchronous condenser prototype [J]. IEEE Transactions on Applied Superconductivity, 2020, 30 (04): 1-5.

[9] SONG P, SHI Z, WU Q, et al. General design of a 300-Kvar HTS synchronous condenser prototype [J]. IEEE Transactions on Applied Superconductivity, 2020, 30 (04): 1-5.

[10] WU Q, SONG P, SHI Z, et al. Development and testing of a 300-kvar HTS synchronous condenser prototype [J]. IEEE Transactions on Applied Superconductivity, 2021, 31 (05): 1-5.

[11] 黄国治, 傅丰礼. 中小旋转电机设计手册 [M]. 北京: 中国电力出版社, 2014.

[12] 宋彭. 电枢超导型高温超导电机关键问题研究 [D]. 北京: 清华大学, 2016.

[13] 史正军, 宋彭, 宋萌, 等. 10Mvar超导同步调相机总体电磁设计 [J]. 南方电网技术, 2021, 15 (01): 76-81.

第 7 章 超导电力能源储输系统

7.1 超导直流能源管道

7.1.1 工作原理

超导直流能源管道是结合超导输电和清洁能源的重要研究方向，其整体结构如图 7-1 所示。2018 年，我国重点研发计划正式立项"超导直流能源管道的基础研究"，由中国电力科学研究院有限公司领衔牵头，旨在结合超导直流电缆和液化天然气管道，制造超导直流能源管道，从而实现电力和液化天然气的一体化输送，统筹兼顾西电东送和西气东输两大工程，造就电气齐输的新局面。

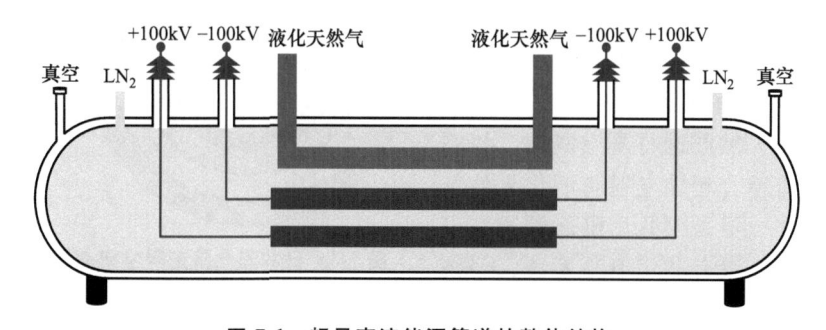

图 7-1 超导直流能源管道的整体结构

7.1.2 国外技术发展现状和趋势

本节将从系统结构设计和协调控制应用两大方面介绍超导直流能源管道的国外研究现状。

（1）系统结构设计

美国电力科学院最早提出了"能源管道"的概念，其设想为结合 1000MW 级别的超导电缆和 1000MW 级别的液氢管道，以液氢作为超导电缆的冷却媒介，实现氢电混输的多能互补，作为未来智能城市的能源输送主干网。

意大利博洛尼亚大学随后设计了氢电混输能源管道的远距离应用方案，对于沙漠中的大型光伏电场，可以用氢电混输能源管道将其连接至电力系统的主干网络，实现新能源并网，该设想一方面开辟了能源管道在远距离输送的应用场景，另一方面也指出了能源管道在推动新能源应用上的潜力，如图7-2所示。

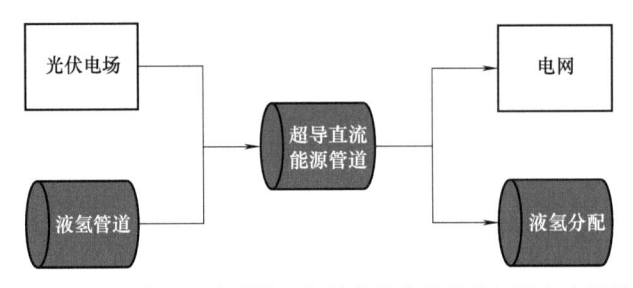

图7-2 意大利博洛尼亚大学关于超导直流能源管道远距离应用的设想

日本国立聚变科学研究所建立了一种±50kV/10kA的氢电混输能源管道的模型，其所构想的氢电混输能源管道长达100km，最大电力传输功率可达1GW。该模型进一步体现了超导直流能源管道电压等级低、输送容量大的优势，如图7-3所示。

日本中部大学也在与液化天然气管道结合的方向上开展部分工作，其提出了一种超导电缆与液化天然气管道结合的联合输送系统。该系统用真空绝热管道内套超导直流电缆和液化天然气管道，但是超导直流电缆由液氮独立制冷，与液化天然气进行真空隔离。该系统虽然有着结合超导电缆与液化天然气管道的思路，但是仅共用绝热管道和节约占地空间，没有共用制冷系统，经济效益不明显。

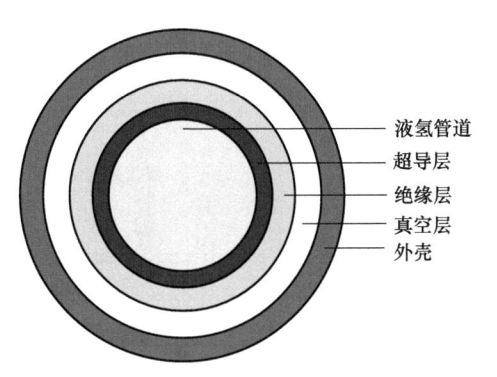

图7-3 日本国立聚变科学研究所关于超导直流能源管道的构想模型

（2）协调控制应用

俄罗斯科学研究与发展院电缆所制造了基于MgB_2低温超导材料的氢电混输能源管道试验样机，如图7-4所示。该样机长达30m，运行温区为20~25K。在运行温度为20K时，最大载流可达3.2kA，最大电力传输功率可达80MW，最大液氢输送功率可达55MW。

7.1.3 国内技术发展现状和趋势

虽然氢电混输能源管道在国外起步较早，但是这一设想有两点不足。一方面，

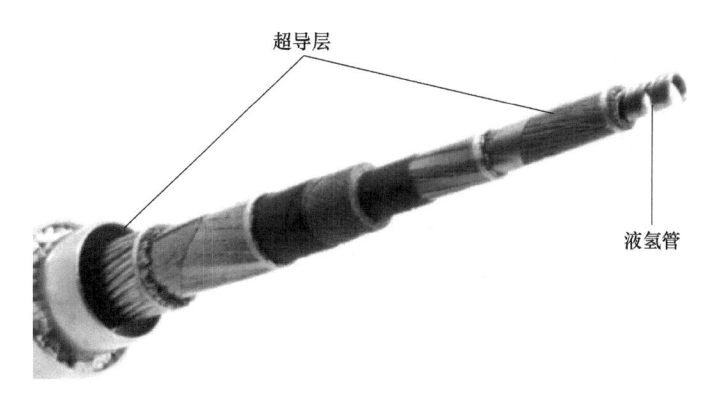

图 7-4　俄罗斯科学研究与发展院超导直流能源的样机

液氢需要制冷到 20K 左右进行工作,面临着制冷难度大、制冷设备需求高和经济效益不明显的挑战;另一方面,氢能目前的应用还不成熟,市场还没有充分开拓,不仅安全性和稳定性缺乏有效验证,而且欠缺吸引大规模投资的经济性。而液化天然气的应用规模更为庞大,经济效益更明显,因此,国内对超导直流能源管道的研究另辟蹊径,以结合液化天然气管道为主要方向,并且进展迅速。本节将从系统结构设计和协调控制应用两大方面进行综述。

(1) 系统结构设计

中国科学院电工研究所申请了一种低温燃料冷却阻燃气体保护的超导能源管道发明专利。该专利设想以铜骨架、超导载流导体、低温绝缘材料、低温燃料输送管道、阻燃气体管道等部件组装超导直流能源管道。其利用阻燃气体隔离超导直流电缆和低温燃料输送管道,从而提升管道的防爆安全性能。并且,阻燃气体还充当了冷却介质的作用,低温燃料输送管道冷却阻燃气体,阻燃气体再冷却超导直流电缆。

随后,中国科学院电工研究所对该项发明专利开展进一步的改进。在新发明的专利中,虽然该超导直流能源管道模型的基本结构没有改动,但是明确了采用 LNG(液化天然气)作为所输送的低温燃料,并且选取 CF_4 作为阻燃介质保护超导直流电缆。

之后,中国科学院电工研究所再次改良了冷却介质的设计方案。新方案通过建立 10kV 单极性超导直流能源管道的仿真模型,探索分析 10kV 单极性超导直流能源管道在短路故障情况下的动态热稳定性和安全性,提出以一定组分的 CF_4/LN_2 混合物作为超导直流能源管道的冷却介质的可行性和有效性。经过理论估算和仿真验证后发现,当超导直流能源管道达到 10km 以上时,网侧短路故障的冲击将减少至承受范围内,此时,内部绝缘击穿故障是超导直流能源管道防爆安全的主要威胁,采用 CF_4/LN_2 混合物作为冷却介质,可以提升超导直流能源管道的绝缘裕度,降低管道爆炸的风险。

中国科学院电工研究所提出了一种基于液化天然气的超导直流能源管道终端的发明专利。该终端结构不仅能够实现将液化天然气输入和输出的功能，还兼顾了超导直流电缆从低温到室温、从超导到常导、从高压到低压过渡的功能，契合了超导直流能源管道实现电力/燃料一体化输送的需求。

西安交通大学对超导直流能源管道的终端进行了电热耦合仿真，其在COMSOL软件上建立了超导直流能源管道终端的物理模型。通过仿真研究发现，终端材料的电导率受温度变化的规律曲线，对于终端的电场和温度分布具有重要影响。并且，液氮对终端的冷却效果影响着温度分布，一定程度上也间接影响着电场分布。该工作为超导直流能源管道的终端材料在导热性和绝缘能力上的选择提供了参考依据。

华中科技大学提出了一种超导直流能源管道的电流引线设计方案。该方案设想了四种不同的电流引线备选结构，并对引线漏热进行了仿真分析和样机试验。研究结果表明，当引线长度一定时，引线漏热关于引线横截面积有极小值，适当选择引线横截面积，可以有效减少漏热；同时，可以将引线弯绕后再浸没到液氮中，有助于增大浸没面积，提升散热速度，降低引线温升。

华中科技大学进一步根据故障电流条件下的电流引线的温度分布进行优化设计。研究结果表明，在超导直流能源管道运行在额定限流和轻度过电流下时，引线温升很小，能够满足系统运行需求；但当故障电流冲击过大时，引线将会快速升温。因此，需要在系统中加入保护措施，避免引线附近的液氮爆沸甚至爆炸。

清华大学针对同轴结构的100kV双极性超导直流能源管道进行导体设计。其通过建立高温超导带材的直线排布和螺旋排布的仿真模型，进行电流和磁场仿真分析。仿真结果表明，同轴双极性螺旋排布的超导带材中的电流均匀程度，比同轴双极性直线排布要高出30%左右。优化电流分布，能够有效解决局部发热问题，提升超导直流能源管道的输送容量。

华北电力大学针对非同轴结构的100kV双极性超导直流能源管道进行导体设计。其通过建立非同轴结构的超导直流能源管道的仿真模型，对其磁场分布和绝缘性能进行理论分析和仿真验证，最终提出导体的选用方案。该方案在超导直流能源管道液氮入口温度为85K，出口温度为90K的情况下，超导带材选用日本住友的HT-CA带材（Bi系），主绝缘材料选用PPLP。

四川师范大学提出了多种可能的超导直流能源管道结构。第一种为同轴多层管道结构，由内到外分别为液化天然气管道、内液氮层、超导层和外液氮层；第二种为非同轴结构，以液氮管道为外壳，内部超导电缆和液化天然气管道独立安装；第三种为同轴多层管道结构，由内到外分别为液化天然气管道、超导层和液氮层；第四种为同轴多层管道结构，由内到外分别为液氮管道、超导层和液化天然气层。分析发现，液氮层在超导层内部的结构，有助于提升输送容量；液化天然气管道在超导层内部的结构，有助于减小传输损耗。

四川师范大学还提出了一种 LH_2-LO_2-LN_2 多种低温燃料和超导电缆结合的混

合超导直流能源管道系统。该设想进一步启发了探索超导电缆与低温燃料结合的新方向。

（2）协调控制应用

西安交通大学在国内首先提出电力/LNG一体化输送的构想，并设计了配套制冷站和制冷设备的参数实例，对电力/LNG一体化输送进行了经济性分析。理论估算结果表明，一体化输送的总能源损耗可以降至分别输送的能源损耗之和的1/3，总输送效率可达96%以上。

天津大学提出了1GW级别的LH_2/LNG超导直流能源管道的概念模型，同时结合液氢和液化天然气两种清洁能源。该模型以同轴双极性超导电缆为核心，采用液氢管道外套超导电缆，并采用液化天然气管道外套液氢管道，形成三层嵌套的结构。经过参数设计和优化，该概念模型的总输送效率可达97.5%。

中国科学院电工研究所提出了一种10kV单极性超导直流能源管道结构，并制造试验样机。该样机为同轴多层管道结构，采用CF_4/LN_2混合物作为冷却介质，由内到外为超导直流电缆、CF_4/LN_2层和液化天然气层。通过仿真模拟和样机试验，探究10kV单极性超导直流能源管道的温度分布。结果证明仿真与实验结果吻合度较好，并最终得到10kV单极性超导直流能源管道的温度估测公式。

中国科学院电工研究所、西安交通大学、清华大学、中国电力科学研究院有限公司、国家电网浙江公司等多家机构联合提出了一种100kV/1kA双极性超导直流能源管道的整体设计方案。该设计方案通过对比多种可能的备选管道结构，并兼顾超导直流电缆抗短路电流冲击能力和液化天然气管道的防爆安全性，最终选择以绝热管道作为外壳，灌注CF_4/LN_2混合物作为冷却介质和绝缘介质，内部超导直流电缆和液化天然气管道独立安装，并且在两者之间加装防爆隔网的拓扑结构。CF_4/LN_2混合物既起到了将冷量从液化天然气管道传递到超导直流电缆的作用，也起到了高压绝缘和阻燃防爆的作用。

联合设计方案受到国内多家机构验证，是当前阶段较为成熟、认可度较高的超导直流能源管道结构。然而，作为新兴技术，超导直流能源管道的相关研究领域还存在着大量空白，诸多构想还有待验证，诸多特性还有待探究。本章将基于联合设计方案的超导直流能源管道结构，进一步探查电力/燃料一体化输送的运行条件，摸索超导电力与低温燃料的协调方式，从而获得对超导直流能源管道运行稳定性、安全性和经济性的影响因素。

7.1.4　±100kV/1kA超导电力/液化天然气一体化输送能源管道技术

本节将介绍如何围绕100kV/1kA双极性超导直流能源管道实现电力/燃料一体化输送的控制技术进行研究。

下面将分析100kV/1kA双极性超导直流能源管道的有限元建模方法，推导100kV/1kA双极性超导直流能源管道的电-磁-热-流多物理场耦合数值计算方法，进行100kV/1kA双极性超导直流能源管道的电-磁-热-流多物理场耦合仿真,并分析100kV/1kA双极性超导直流能源管道的电-磁-热-流多物理场耦合特性,包括临界电流、磁场分布、温度场分布和流体场分布等。

本节还将在100kV/1kA双极性超导直流能源管道的电-磁-热-流多物理场耦合特性的基础上,分析100kV/1kA双极性超导直流能源管道的电力/燃料协调控制方法,包括超导电力传输状态和低温燃料输送状态对100kV/1kA双极性超导直流能源管道温升控制和制冷站要求的影响,提出100kV/1kA双极性超导直流能源管道的控制策略图,以获得100kV/1kA双极性超导直流能源管道在控制目标下的超导电力输送和低温燃料输送的可行域。

(1) 超导直流能源管道结构

研发电/燃料一体化输送的控制运行技术,需要立足于超导直流能源管道中电/燃料的物理特性。因此,本节建立超导直流能源管道的有限元模型,针对其电-磁-热-流多物理场耦合特性进行仿真,基于其多物理场分布规律,探讨超导电缆与LNG管道输送的相互依赖关系。

±100kV/1kA双极性超导直流能源管道的几何模型如图7-5所示。±100kV/1kA双极性超导直流能源管道以带真空层的绝热管为外壳,内部包裹着LNG管道和超导电缆。3根LNG管道呈品字型安装在绝热管的上半部,1对极性相反的超导电缆呈对称安装在绝热管的下半部。绝热管的真空层可以有效抑制管道漏热,其剩余空间灌注液氮(LN_2),LN_2可以被增压升温,从常压下的77K升到85~90K的额定工作温区。LN_2既可以起到传热媒介的作用,通过热对流效应将冷量从LNG管道传递到超导电缆,也可以起到安全隔离的作用,针对LNG作为燃料的易燃易爆问题,阻断LNG管道与超导电缆直接接触,从而避免超导电缆绝缘击穿或者短路过热导致LNG管道爆炸。

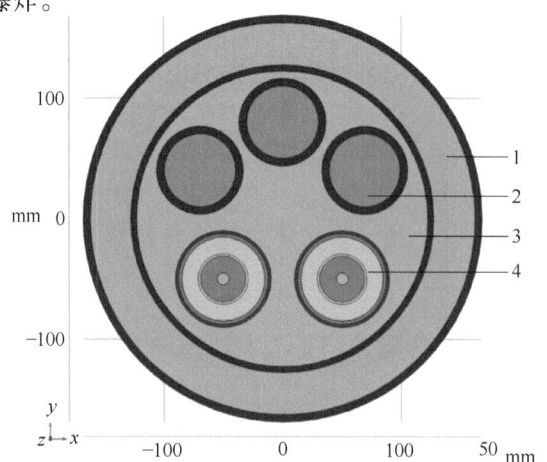

图7-5 ±100kV/1kA双极性超导直流能源管道的几何模型

1—绝热管 2—LNG管道 3—LN_2 4—超导电缆

表 7-1 展示了在极坐标系下,以绝热管道为参照轴心,LNG 管道和超导电缆的安装位置。

表 7-1 ±100kV/1kA 双极性超导直流能源管道各组件的安装位置(极坐标系)

组件	编号(左起)	轴心距离/mm	轴心角度/(°)
LNG 管道	1	80	150
	2	80	90
	3	80	30
超导电缆	11	70	−135
	2	70	−45

超导电缆的几何模型如图 7-6 所示。超导电缆自内向外分别为 LN_2 管、铜骨架、超导层、绝缘层、铜屏蔽层和保护层。LN_2 管提供 LN_2 回流,更有效地冷却超导电缆。铜骨架起到支撑作用,并且在网侧短路故障导致超导层失超时起到分流作用,从而保护超导层。超导层为超导电缆的主要载流组件,承载额定工况下的稳态直流。绝缘层可以避免超导电缆对地击穿而引爆 LNG 管道。铜屏蔽层能够在超导层的载流发生变化时,减轻其对外界和另一根超导电缆的电磁干扰。保护层是超导电缆的外壳,能够防止 LNG 管道爆炸时对超导电缆的伤害。

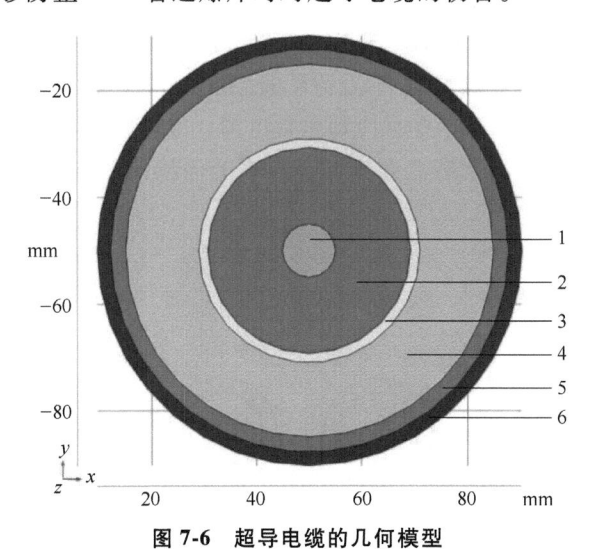

图 7-6 超导电缆的几何模型

1—LN_2 管 2—铜骨架 3—超导层 4—绝缘层 5—铜屏蔽层 6—保护层

表 7-2 展示了 ±100kV/1kA 双极性超导直流能源管道各组件的几何参数。

表 7-2 ±100kV/1kA 双极性超导直流能源管道各组件的几何参数

组件	参数	尺寸/mm
绝热管	内表面半径	122.5
	外表面半径	168.5

(续)

组件	参数	尺寸/mm
LNG 管道	内表面半径	30.15
	外表面半径	36.5
超导电缆	LN_2 管外半径	5
	铜骨架外半径	20.6
	超导层外半径	23.9
	绝缘层外半径	34.9
	铜屏蔽层外半径	38.25
	电缆外半径	40.25

（2）超导直流能源管道的多物理场耦合关系

图 7-7 展示了 ±100kV/1kA 双极性超导直流能源管道的多物理场耦合关系。超导电缆在载流时会产生电场和磁场，这两种物理场以电流密度 J 和磁感应强度 B 为交互物理量，彼此耦合。此外，LNG 管道中输送着的 LNG 和绝热管中灌注的 LN_2 构成了能源管道的流体场。流体场的流速和压力则通过热对流效应影响着能源管道的温度场。对于整个能源管道的热力学系统而言，LNG 是系统中的冷源，通过制冷站稳定能源管道入口处的 LNG 温度为 85K，源源不断地为管道输送冷量；LN_2 是承担热对流效应的传热媒介，它以 77K 的温度注入能源管道，然后通过增压升温的方式达到 85~90K 温区，并且冷却超导电缆；能源管道的主要热源是超导电缆的传输损耗、流体的流动摩擦热和来源于外界的环境漏热。最终，能源管道的电-磁-热-流多物理场实现耦合。

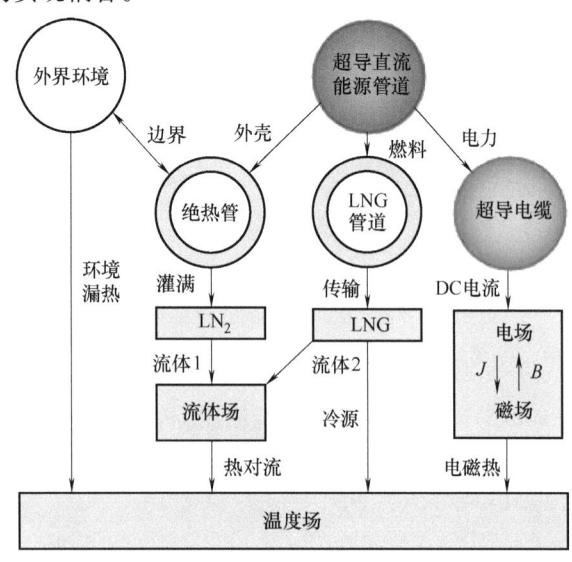

图 7-7 ±100kV/1kA 双极性超导直流能源管道的多物理场耦合关系

（3）超导直流能源管道的多物理场耦合特性

1）磁场特性。

图 7-8 展示了 ±100kV/1kA 双极性超导直流能源管道的磁场特性。白色箭头的指向代表着磁感应强度 B 的方向，白色箭头的粗细代表着磁感应强度 B 的大小。由于两根超导电缆的电流方向相反，所以它们激发的磁场方向也相反，这两个磁场满足矢量叠加定律。从图中可以看到，左侧超导电缆的磁场逆时针旋转，右侧超导电缆的磁场顺时针旋转。两根超导电缆之间的磁场相互叠加，磁感应强度较大，方向由下到上；超导电缆两侧的磁场相互抵消，磁感应强度较小，方向由上到下。

磁场的高场区位于两根超导电缆的超导层表面，并且对于超导层内部有一定的渗透深度。在该渗透深度以内和超导电缆以外，磁场都很快衰减为 0。当单根超导电缆的载流 I 为 1kA 时，磁感应强度 B 的幅值最大可达 0.01T。

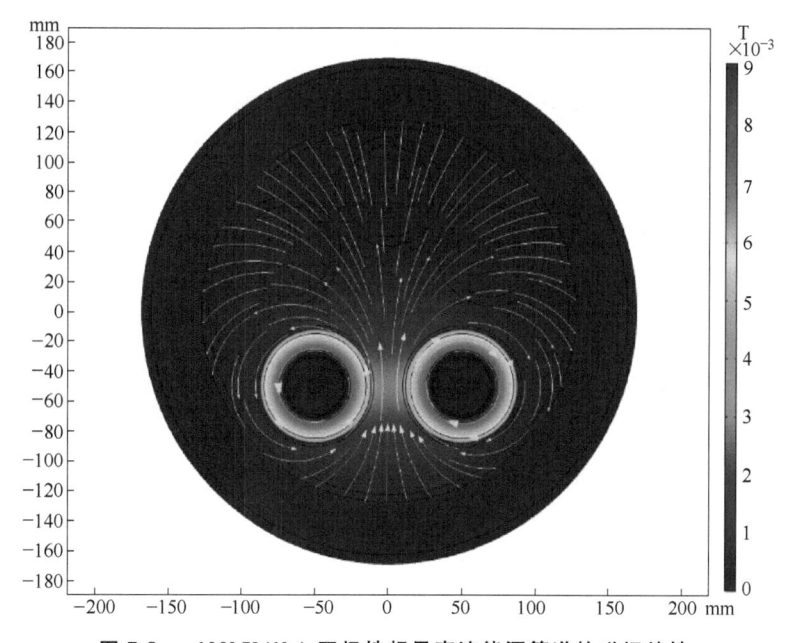

图 7-8 ±100kV/1kA 双极性超导直流能源管道的磁场特性

2）流体—温度场特性。

对长度为 100mm 的能源管道模型，以环境漏热为 1W/m 作为典型值，研究超导直流能源管道的温度场特性。图 7-9a 展示了 ±100kV/1kA 双极性超导直流能源管道的入口横截面温度场特性。图 7-9b 展示了 ±100kV/1kA 双极性超导直流能源管道的出口横截面温度场特性。

对于 LN_2 区域，对比图 7-9a 和图 7-9b 可以发现，高温区位于顶部，这是由于重力驱动的热对流效应。部分 LN_2 受热温度升高后，其密度减小，热 LN_2 受到的重力小于冷 LN_2。于是，在重力驱动下，冷 LN_2 开始下沉，而热 LN_2 则会上升到管道顶部,然后被 LNG 管道重新冷却。这样,就建立了能源管道的热对流循环。此外,在远离 LNG 管道的绝热管内壁处,冷 LN_2 会被外界漏热重新加热。

对于 LNG 区域,对比图 7-9a 和图 7-9b 可以看到:在能源管道入口,整个 LNG 管道都是低温区,基本为 85K,但是随着能源管道的输送距离增加,冷 LNG 逐渐下沉;在能源管道出口,冷 LNG 基本集中在 LNG 管道的底部,LNG 管道顶部的 LNG 被热 LN_2 加热,为高温区。

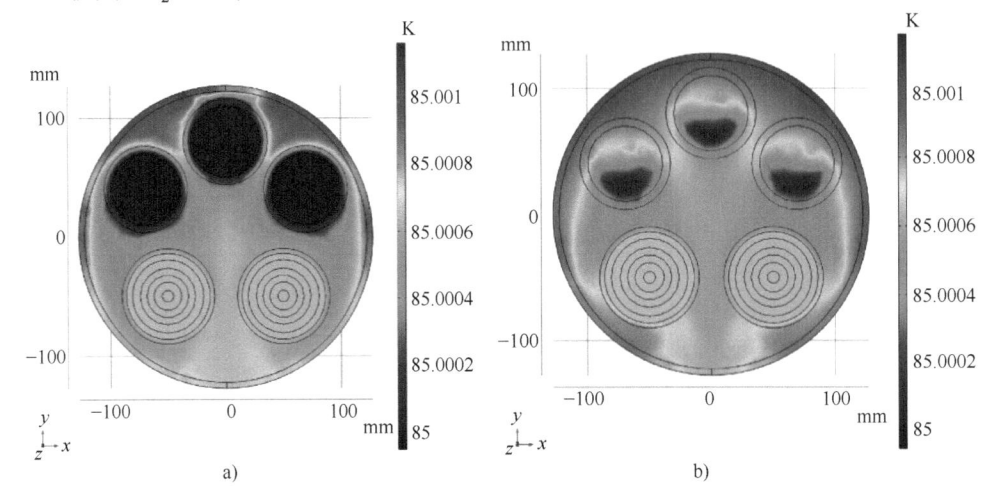

图 7-9 ±100kV/1kA 双极性超导直流能源管道的出/入口横截面温度场特性

对长度为 100mm 的能源管道模型,以 LNG 流量为 100L/min 为典型值,图 7-10 展示了 ±100kV/1kA 双极性超导直流能源管道的 LNG 管道中心温度沿长度变化规律。从图中可以看到,在接近能源管道入口处,LNG 管道中心温度接近 85K,这是由于距离制冷站较近,源源不断的冷 LNG 被输送进来;在能源管道输送距离达到 80mm 以后,LNG 管道中心温度开始上升,其温度随输送距离变化的曲线接近于一条直线;在能源管道出口处,LNG 管道中心温度达到 85.0008K。由此可以推测,能源管道的温升与输送距离接近线性关系。当 LNG 流速为 100L/min 时,能源管道的最大温升测得为 11.5mK/m。

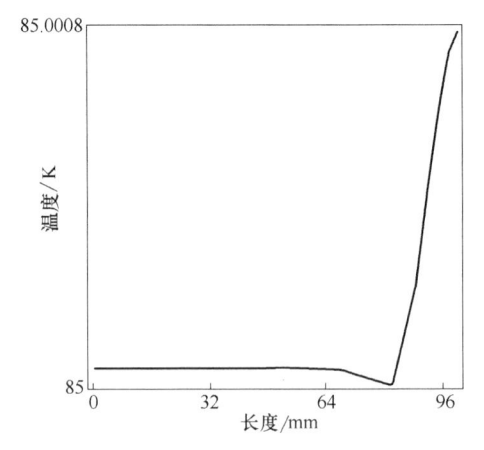

图 7-10 ±100kV/1kA 双极性超导直流能源管道的 LNG 管道中心温度沿长度变化规律

图 7-11a 展示了 ±100kV/1kA 双极性超导直流能源管道的流线图,其箭头代表着冷流体的运动方向和轨迹。图 7-11b 展示了 ±100kV/1kA 双极性超导直流能源管

道的速度云图,其颜色的暖、冷代表着冷流体的速度大小。从图中可以看出,冷 LN_2 在重力作用下,从能源管道的顶部往底部流动,最终汇流在底部形成两个小型漩涡。速度场的高场区出现在能源管道的底部,这是由于重力加速度的作用,冷 LN_2 在下沉过程中,速度会加快。在外部漏热为 1W/m 时,热对流的最大速度可达 1.1m/s。与此类似,冷 LNG 受重力作用,从 LNG 管道顶部往底部流动,这符合上文对于能源管道温度场特性的分析。

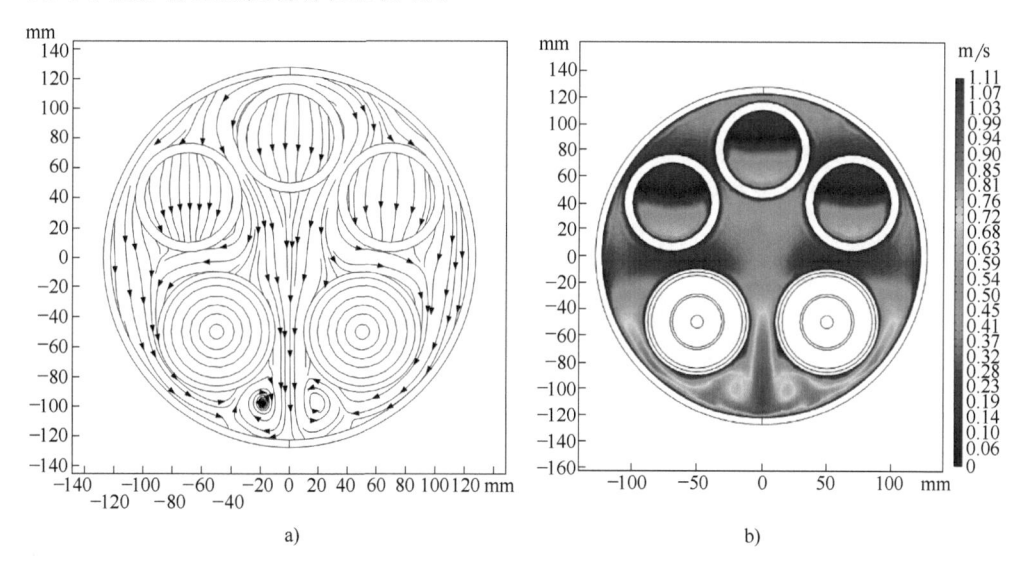

图 7-11　±100kV/1kA 双极性超导直流能源管道的流线图和速度云图

3) 临界电流特性。

超导直流能源管道临界电流的拟合公式为

$$I_C = \frac{I_0(1-(T/T_C)^2)}{a-be^{-\frac{B_\perp}{B_0}}-ce^{-\frac{B_{//}}{B_0}}} \quad (7-1)$$

式中,I_C 为超导带材的临界电流;I_0 为超导带材在 0K 无外磁场时的临界电流,可由实验数据拟合得到;T 为超导带材的运行温度;T_C 为超导带材的临界温度;$B_\perp$ 和 $B_{//}$ 分别为超导带材的磁感应强度的垂直分量和平行分量;B_0 为单位磁感应强度,取为 1T;a、b、c 为拟合常数,根据实验测量结果,a 为 22.66,b 为 20.65,c 为 1.01。

图 7-12 展示了 ±100kV/1kA 超导直流能源管道的电流与磁场关系(85K 下)。如图所示,方形曲线为激励电流与磁场曲线,代表着给定激励电流下在超导直流能源管道内部激发的最大磁感应强度;圆形曲线为临界电流与磁场关系曲线,代表着给定磁场强度下单根超导电缆的临界电流。两条曲线的交点,即为超导电缆在自身电流激励的磁场下真实运行的临界电流,从图中读出约为 2576A。

（4）超导电力的协调控制关系

超导能源管道的本体损耗，包括超导能源管道的外部漏热、超导电缆接头电阻的损耗以及超导电缆终端引线电阻的损耗（在稳态直流下忽略超导电缆的交流损耗）。在实现电力/燃料一体化输送时，上述的损耗特性会影响 LNG 流量 V_{LNG} 的可行域。

超导直流能源管道本体的单位长度外部漏热 P_{HL} 由下式计算：

$$P_{HL} = \frac{T_\alpha - T_i}{\frac{1}{2\pi\lambda}\ln\left(\frac{D}{d}\right) + \frac{1}{\pi\alpha D}} \quad (7\text{-}2)$$

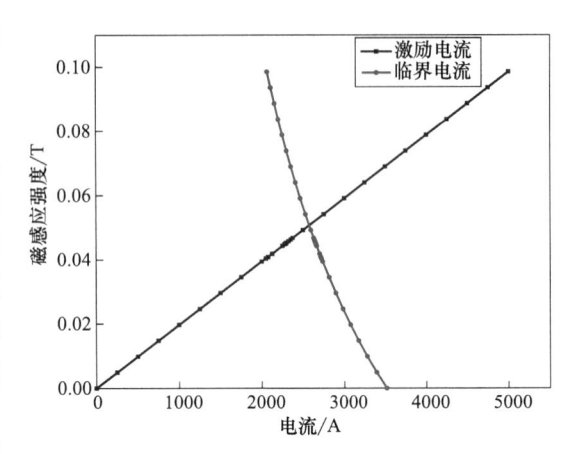

图 7-12 ±100kV/1kA 超导直流能源管道的电流与磁场关系

式中，T_α 为超导直流能源管道的外表面温度，即环境温度；T_i 为超导直流能源管道的内部温度，即 LN_2 的温度；λ 为绝热管的平均换热系数；D 为超导直流能源管道的外直径；d 为绝热管的内直径；α 为超导直流能源管道外表面的换热系数。根据常用材料的特性参数，取一组典型值计算，可得 P_{HL} 为 1W/m。

在长距离应用场景下，可以将超导电缆的接头电阻的热效应，等效到整段超导直流能源管道上，表示为

$$P_J = 2P_{J0} \frac{I}{I_0} \frac{1}{L_J} \quad (7\text{-}3)$$

式中，P_{J0} 为每根超导电缆 1kA 载流下的接头电阻损耗功率，为 2.5mW；I 为超导电缆的目标载流；I_0 为基准电流常数，取为 1kA；L_J 为每段超导带材的长度，取典型值为 200m。

上式可以根据电力输送容量 P 换算为

$$P_J = P_{J0} \frac{P}{U_0 I_0} \frac{1}{L_J} \quad (7\text{-}4)$$

式中，U_0 为电压等级，本节取为 100kV。

超导电缆的并网终端引线电阻热损耗，只需要考虑系统的始端和末端；在中继制冷站处，其热损耗将直接由制冷站补偿冷量，不影响超导直流能源管道本体的温度分布，可不考虑。故其等效单位长度损耗功率 P_T 可表示为

$$P_T = n_T P_{T0} \frac{P}{U_0 I_0} \frac{1}{L} \quad (7\text{-}5)$$

联立上述诸式,可得超导直流能源管道本体的等效单位长度总损耗 P_{EL} 为

$$P_{EL}=P_{HL}+\frac{1}{U_0I_0}\left(\frac{P_{J0}}{L_J}+n_T\frac{P_{T0}}{L}\right)P \tag{7-6}$$

式中,n_T 为超导直流能源管道中的端数,故 n_T 为 2;P_{T0} 为每 kA 载流下的引线电阻功率,取典型值为 40W;I_0 为基准电流,取为 1kA;L 为超导直流能源管道的总长度。

(5) 低温燃料的协调控制关系

由式(7-6)可以得到以单段超导直流能源管道的容许长度,即制冷站的配置间隔不小于 1km 为控制目标的、在考虑电力损耗影响情况下的 LNG 流量 V_{LNG} 的可行域公式,表示为

$$V_{LNG}\geq k_{VP}\left[P_{HL}+\frac{1}{U_0I_0}\left(\frac{P_{J0}}{L_J}+n_T\frac{P_{T0}}{L}\right)P\right]+V_0 \tag{7-7}$$

式中,k_{VP} 为拟合的比例系数,单位为 L/(min·W/m),其物理意义为每增加单位大小的热损耗所需要增加的 LNG 流量;V_0 为拟合参数,单位为 L/min,其物理意义为在不考虑外部漏热和电力损耗时,维持超导直流能源管道正常流通所需要的 LNG 流量。当单段超导直流能源管道的容许长度不小于 1km 时,k_{VP} 为 200L/(min·W/m),V_0 为 10L/min。

(6) 电力/燃料一体化输送的协调控制可行域

以外部漏热 P_{HL} 为 1W/m 作为典型值,各参数代入式(7-7)计算可得:

$$V_{LNG}\geq\left(\frac{1}{40000}+\frac{0.16}{L}\right)P+210 \tag{7-8}$$

式中,P 为超导直流能源管道的电力传输容量,单位为 MW;L 为超导直流能源管道的总长度,单位为 km。

式(7-8)是以单段超导直流能源管道的容许长度,即制冷站的配置间隔不小于 1km 作为控制目标,外部漏热为 1W/m 作为典型值时,超导直流能源管道电力/燃料一体化输送的可行域经验公式。该经验公式可以作为控制方程,约束了在超导直流能源管道稳态运行时,电力传输容量和 LNG 输送容量的相互关系。电力传输容量和 LNG 输送容量满足该控制方程,是超导直流能源管道稳态运行的主要控制方法。对于不同控制目标和外部漏热取值,仍可基于上述参数化模型,用对应参数取值,求得对应的控制方程。

图 7-13 展示了当外部漏热和制冷站的配置间隔一定时,LNG 输送容量随超导直流能源管道的总长度和电力传输容量变化的规律。从图中可以看出,对于每一个给定的能源管道总长度,LNG 输送容量能源管道的电力传输容量线性增长,函数曲线呈现一条直线。

(7) 控制策略及调节系统

在通过理论仿真求解系统调节参量后,在实际工程应用中,仍应该建立一套控

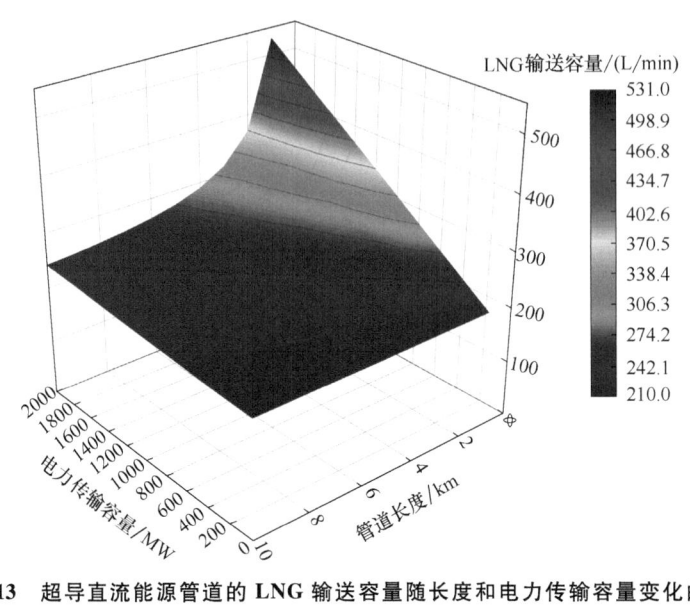

图 7-13 超导直流能源管道的 LNG 输送容量随长度和电力传输容量变化的规律

制策略及调节系统，从而应对实际工程环境的误差和偶然因素。图 7-14 展示了能源管道的控制策略及调节系统。能源管道的调节系统主要由四大部分及相关传感器

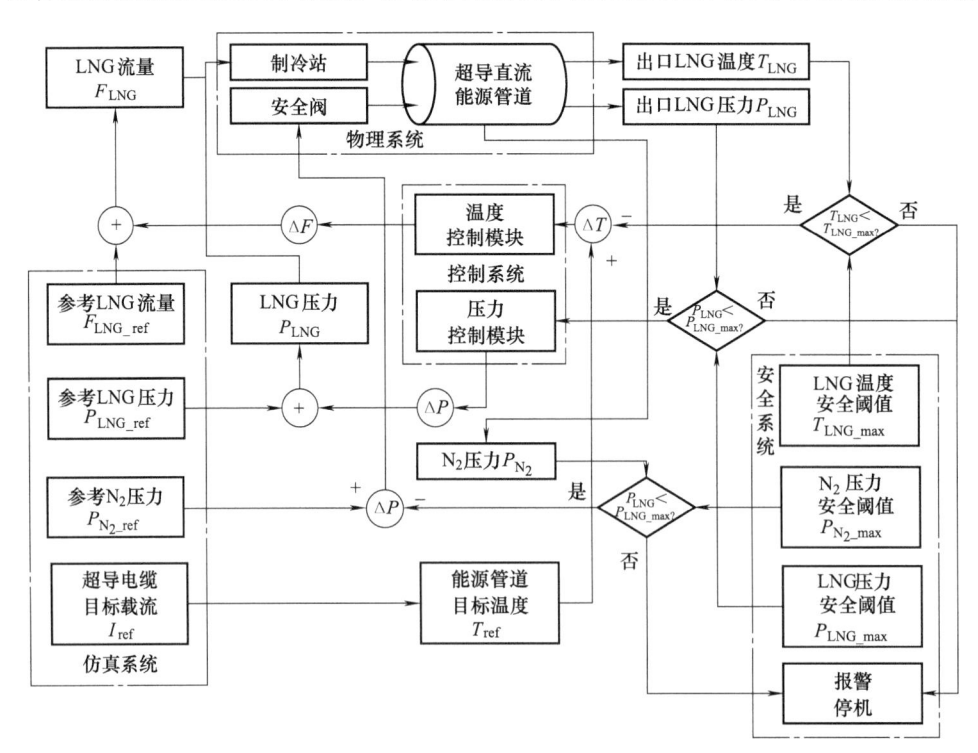

图 7-14 超导直流能源管道的控制策略及调节系统

组成，四大部分分别为物理系统、仿真系统、控制系统和安全系统。

物理系统主要为超导直流能源管道的本体、制冷站和安全阀。管道本体承载着输送超导电力和 LNG 燃料的核心功能；制冷站的功能为，将一定流量的 LNG 制冷并加压泵入管道本体中；安全阀针对的是管道内 LN_2 气化成为加压 N_2 的问题，当 N_2 气压过高时，安全阀可实现泄压恒压的功能。在能源管道运行时，仿真系统会计算能源管道各控制参数的初始值，并作为能源管道物理系统的初始运行指标。控制系统监测各传感器信号，在能源管道开始运行达到相对稳态后，如果遭受扰动，控制系统将根据控制方程计算误差量，并对物理系统进行负反馈调节，使之调节到目标状态。如果扰动过大，使得控制参数的当前值超过安全阈值，那么安全系统动作，向调度人员发出警报，若有必要，则会紧急停机。

7.1.5 超导直流能源管道的样机实验

（1）超导直流能源管道的样机实验平台

图 7-15 展示了超导直流能源管道样机的实验现场。实验系统由超导直流能源管道样机、LNG 管道、制冷循环系统和满功率测试平台四大主要部分组装而成。

图 7-15 超导直流能源管道样机的实验现场

（2）超导直流能源管道的样机实验结果

1）样机长度测量。

采用计米器测量超导直流能源管道样机同极的两个终端的电流引线之间的距离，其结果见表 7-3。超导直流能源管道样机的目标长度为 30.0m，实际长度为 31.2m，相对误差为 4%，在实验允许范围内。

表 7-3 样机长度测试结果

参数	值	参数	值
目标长度	30.0m	相对误差	4%
实际长度	31.2m		

2）低温燃料输送实验。

① 运行温度。

采用铂电阻温度计 PT100 测量超导直流能源管道样机的进出口温度，测试结果见表 7-4。为了进一步探究超导直流能源管道样机在高温下保持运行的稳定性和鲁棒性，在测试过程中有意地稍微降低制冷功率，从而稍微提高超导直流能源管道样机的温度。测试结果表明，超导直流能源管道样机能够稳定地在稍高于目标温区的温度下运行，其具有一定的抗高温能力。

表 7-4　运行温度测试结果

参数	值	参数	值
入口温度	88.4K	平均温度	90.7K
出口温度	93.0K	实际温升	4.6K

② LNG 流量。

在循环制冷系统中采用流量计测量超导直流能源管道样机的 LNG 流量，测试结果见表 7-5。流量计的测量结果为 100.0L/min，其精度为 0.1L/min，实际结果与目标结果吻合得很好，说明误差范围小于流量计的精度范围，相对误差小于 0.1%，测试通过。

表 7-5　LNG 流量测试结果

参数	值	参数	值
目标 LNG 流量	100.0L/min	相对误差	<0.1%
实际 LNG 流量	100.0L/min		

3）超导电力传输实验。

① 临界电流测量。

表 7-6 展示了超导直流能源管道样机的临界电流仿真计算值与实验测量值的对比验证。可以看到，仿真计算值与实验测量值较为接近，相对误差为 0.92%。实验结果验证了超导直流能源管道多物理场仿真的正确性。

表 7-6　超导直流能源管道样机的临界电流仿真计算值与实验测量值的对比验证

参数	值	参数	值
仿真计算值	2576A	相对误差	0.92%
实验测量值	2600A		

② 绝缘耐压测试。

在绝缘耐压测试中，采用高压电压表测量超导直流能源管道样机的两极超导电缆和样机的外表面之间的电势差。实验开始后，在两极超导电缆和样机外表面之间分别加上 148kV 的直流电压（1.48 倍额定电压），持续 1h 后，超导直流能源管道样机的绝缘未发生损坏和击穿，测试通过。

③ 满功率运行实验。

满功率运行实验是超导直流能源管道样机实验的核心环节。满功率运行实验开始时，采用正负极回路的直流电流源对正负极超导电缆分别施加 ±1kA 的运行电流，升流速率为 10A/s。升流完成后，超导直流能源管道样机保持该状态运行 5min，确保安全稳定。然后，采用负极回路的直流电压源对负极超导电缆施加

−100kV 的运行电压，升压速率为 1kV/s。升压完成后，超导直流能源管道样机保持该状态运行 5min，确保安全稳定。最后，采用正极回路的直流电压源对正极超导电缆施加+100kV 的运行电压，升压速率为 1kV/s。升压完成后，满功率运行实验正式开始，超导直流能源管道样机保持该状态运行 24h。稳定运行 24h 后，分别以 1kV/s 的降压速率和 10A/s 的降流速率，将超导直流能源管道样机的运行电压和运行电流降至 0，满功率运行实验结束。

表 7-7 展示了满功率运行实验的结果。图 7-16～图 7-18 所示分别为超导直流能源管道样机在满功率运行实验中的电压、电流、电力传输功率波形。

表 7-7 满功率运行实验的结果

参数	值	参数	值
运行时间	24h	正极电流	+1.013kA
正极电压	+100.6kV	负极电流	−1.007kA
负极电压	−100.5kV	电力传输功率	203.1MW

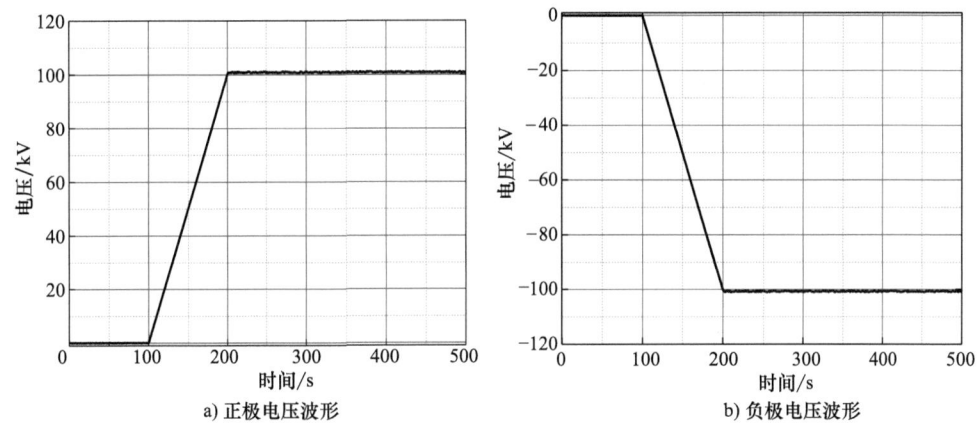

a) 正极电压波形   b) 负极电压波形

图 7-16 超导直流能源管道样机在满功率运行实验中的电压波形

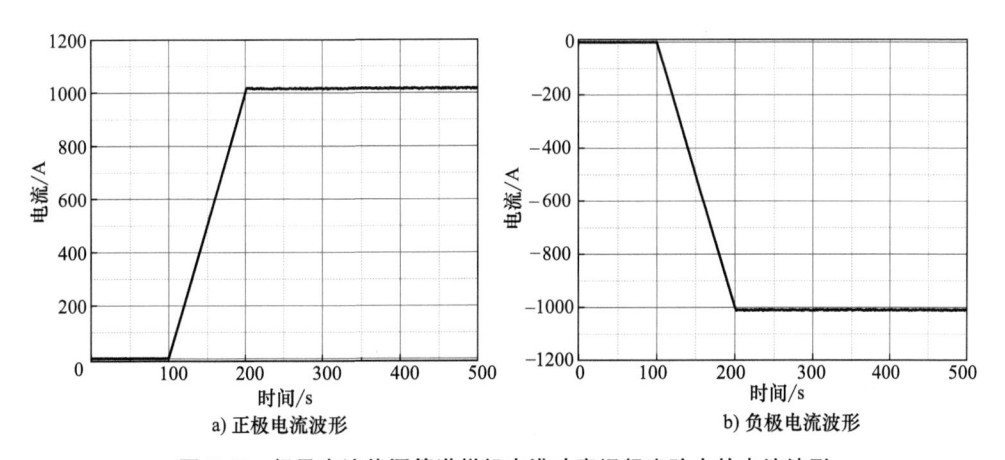

a) 正极电流波形   b) 负极电流波形

图 7-17 超导直流能源管道样机在满功率运行实验中的电流波形

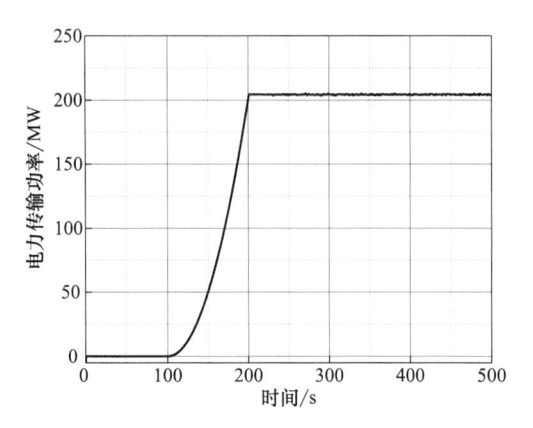

图 7-18　超导直流能源管道样机在满功率运行实验中的电力传输功率波形

超导直流能源管道样机在满功率运行实验中，以额定的电力传输参数和 LNG 输送参数，稳定运行 24h 以上，宣告着超导直流能源管道样机制造和实验的圆满成功。

7.2　超导氢电互济储输系统

7.2.1　工作原理

超导氢电互济储输系统在超导能源管道的基础上采用液氢替代 LN_2 冷却超导电缆，实现氢电能源共输，结构如图 7-19 所示，电缆本体由内至外分别为液氢通道、螺旋骨架、内超导层、铜线束、铜骨架、绝缘层、外超导层、内杜瓦、绝热材料、外杜瓦。

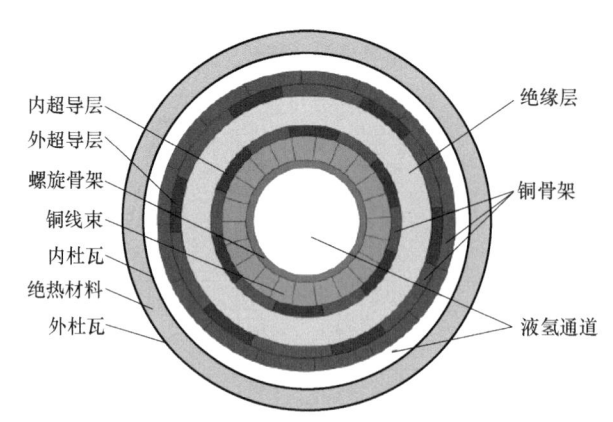

图 7-19　液氢冷却超导电缆结构图

超导氢电互济储输系统如图 7-20 所示。带有液氢冷却超导电缆的可再生能源发电并网系统中，太阳能、风能、氢能等可再生能源发出的电力，一部分用来电解水制氢，并以氢能的形式储存起来，需要时则通过燃料电池转换成电能，另一部分液化成液氢，用来冷却超导直流电缆，实现液氢和电力的远距离输送。该方案可以充分利用各类可再生能源发电，实现零碳排放，并且配置了氢气储能系统和超导磁储能系统，解决了新能源时空分布不均、并网困难等问题。

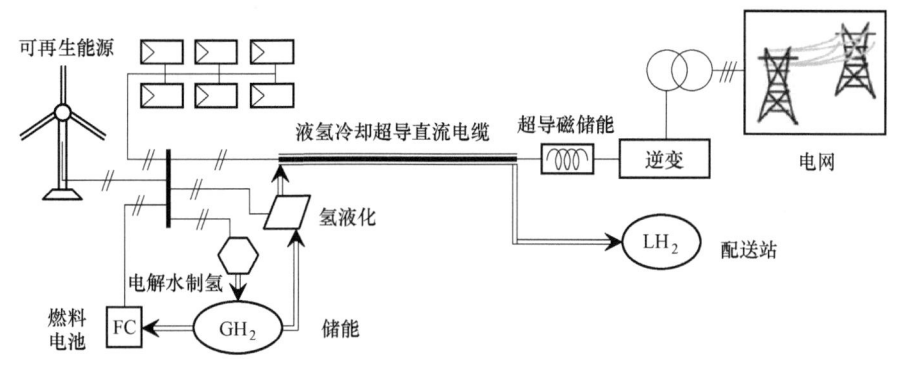

图 7-20 超导氢电互济储输系统

超导氢电互济储输系统将超导输电技术和液体燃料管输技术结合起来，共用制冷系统和绝热管道，以低温燃料冷却超导电缆，同时低温燃料自身也实现远距离液化输送，以实现输电和输送燃料的一体化运行。在新能源就地消纳能力有限的情况下，通过无损耗超导输电将新能源电力输送至用电负荷较高的发达地区，既能满足产业聚集地区用电需求，也能实现氢能源的二次高效利用，不仅可以节约能源通道，还可以提高能源输送效率和经济效益，实现了电力和氢能的互济储输模式，提高了电力送出能力和超导氢电能源的综合利用效率，是一种极具前景的能源输送方式。

7.2.2 国外技术发展现状和趋势

目前，采用 LN_2 冷却的高温超导电缆技术已经发展成熟，工程应用也进入了示范运行阶段。但是，价格较高的超导材料、占比较大的制冷和维护成本，均在不同程度上制约了超导输电的实用化进程。采用低温液体燃料替代 LN_2 冷却超导电缆，实现电力/低温燃料一体化输送是一种经济高效的解决方案。

（1）美国

超导氢能共输系统在世界上已开展前瞻性探索研究。在超导氢电能源互济的研究中，美国电力研究所早在 2004 年便提出了一个使用液化氢气作为冷却介质的容量为 1000MW 的超级电缆概念，其能够同时长距离传输化学能和电能，具体结构如图 7-21 所示。电缆由高温超导带材 BSCCO 或 MgB_2 带材构成，而化学原料由液态或冷气态氢或液态甲烷组成。氢的燃烧效率高、冷却能力强，所以电能与低温液氢结合成为混合能源输送的研究热点。

(2) 欧洲

在欧洲的液氢和电能混合输送的示范项目中，俄罗斯电缆研究所和俄罗斯科学院研制了 10m 和 30m 的电力/液氢混合传输管道原型，如图 7-22 所示。2011 年，对 10m 长管道进行了测试，最大液氢流量为 250g/s，超导电缆最大电流为 2600A。2013 年完成了 30m 长管道测试，最大液氢流量为 450g/s，超导电缆临界电流为 3500A，运行温度为 20~26K。该混合能源管道能够同时传输 60MW 的化学能和 75MW 的电能，混合能源的总量为 135MW，其综合能量输送密度和传统的大型天然气输送管道相当。这是世界上首次实现电力与液化氢气混合输运的示范工程，也验证了其应用的可行性。

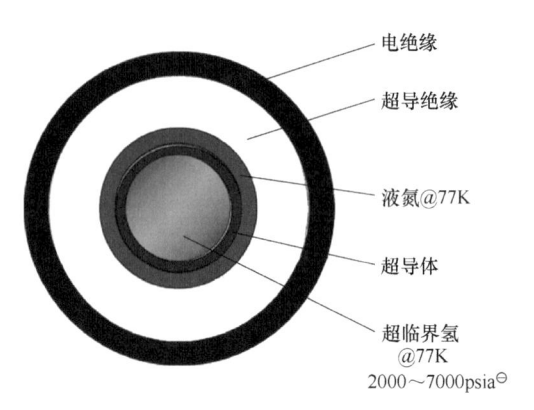

图 7-21 美国电力研究所提出的容量为 1000MW 的氢电共输超级电缆

此外，还有一些国家完成了混合能源长距离传输的概念设计和性能预测。2007 年，意大利首次提出了 20km 的能源管道概念设计，额定电压和额定电流分别为 ±4kV 和 10kA。同年，瑞士西北应用科学大学提出了混合能源管道在未来可能的应用场景。

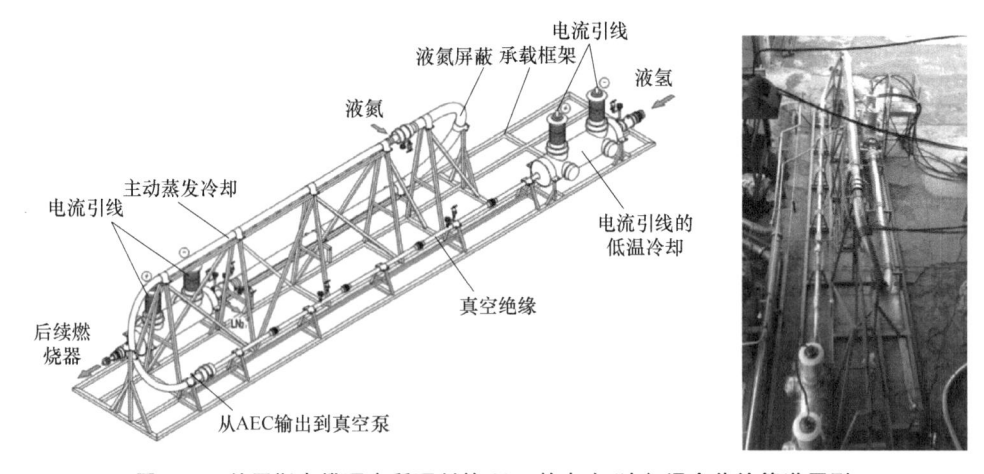

图 7-22 俄罗斯电缆研究所研制的 30m 的电力/液氢混合传输管道原型

(3) 日本

2007 年，日本国立聚变科学研究所提出了液氢冷却超导电缆的两种结构，如

⊖ 1psia≈6.895kPa。——编辑注

图 7-23 所示。电缆的电压为±50kV，电流为10kA，容量为1GW。超导材料采用了 MgB_2 材料，工作温度为 17~24K。这两种结构均采用了冷绝缘设计，电气绝缘层处在低温环境中，对绝缘材料的低温性能要求较高，但传输容量更大，损耗更小，运行成本更低。

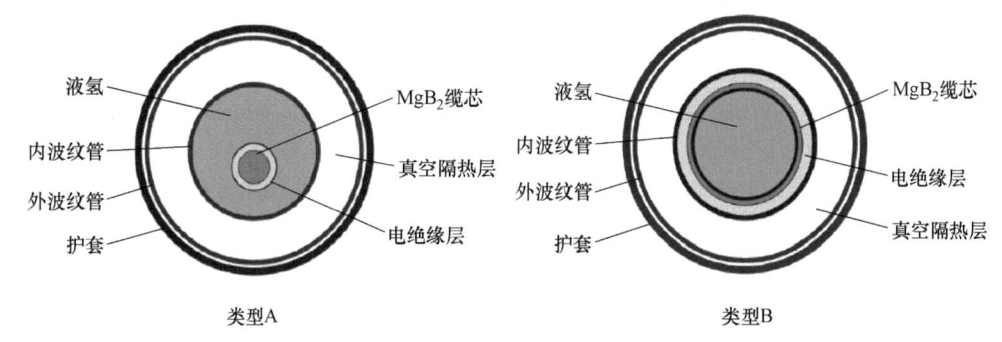

图 7-23 日本国立聚变科学研究所提出的液氢冷却超导电缆的两种结构

7.2.3 国内技术发展现状和趋势

我国目前还没有相关研究团队对超导氢电互济储输系统开展研究，仅有部分专家发表过相关理论分析的文章，该技术亟待开展系统性研究。

综上，可知目前对超导氢电互济储输系统的研究主要体现在结构、高压绝缘和电磁设计方面，对于模拟超导氢电互济储输系统故障运行工况还缺少安全性分析。

参考文献

[1] 张杨, 厉彦忠, 谭宏博, 等. 天然气与电力长距离联合高效输送的可行性研究 [J]. 西安交通大学学报, 2013, 47 (09): 1-7.

[2] ZHANG Y, TAN H, LI Y, et al. Feasibility analysis and application design of a novel long-distance natural gas and electricity combined transmission system [J]. Energy, 2014, 77: 710-719.

[3] 肖立业, 林良真. 超导输电技术发展现状与趋势 [J]. 电工技术学报, 2015, 30 (07): 1-9.

[4] 邱清泉, 张志丰, 张国民, 等. 超导直流输电技术发展现状与趋势 [J]. 南方电网技术, 2015, 9 (12): 11-16.

[5] GRANT P M. The supercable: dual delivery of hydrogen and electric power [C]. Proceedings of IEEE PES Power Systems Conference and Exposition, 2004, 3: 1745-1749.

[6] TREVISANI L, FABBRI M, NEGRINI F. Long-term scenarios for energy and environment: Energy from the desert with very large solar plants using liquid hydrogen and superconducting technol-

ogies [J]. Fuel Processing Technology, 2006, 87 (02): 157-161.

[7] TREVISANI L, FABBRI M, NEGRINI F. Long distance renewable-energy-sources power transmission using hydrogen-cooled MgB$_2$ superconducting line [J]. Cryogenics, 2007, 47 (02): 113-120.

[8] YAMADA S, Hishinuma Y, Uede T, et al. Study on 1 GW class hybrid energy transfer line of hydrogen and electricity [C]. Journal of Physics: Conference Series, M2008, 97 (01): 012167.

[9] YAMADA S, HISHINUMA Y, UEDE T, et al. Conceptual design of 1 GW class hybrid energy transfer line of hydrogen and electricity [C]. Journal of Physics: Conference Series, 2010, 234 (03): 32064.

[10] VYSOTSKY V S, NOSOV A A, FETISOV S S, et al. Hybrid energy transfer line with liquid hydrogen and superconducting MgB$_2$ cable—first experimental proof of concept [J]. IEEE Transactions on Applied Superconductivity, 2013, 23 (03): 5400906.

[11] VYSOTSKY V S, BLAGOV E V, KOSTYUK V V, et al. New 30-m flexible hybrid energy transfer line with liquid hydrogen and superconducting MgB$_2$ cable: development and test results [J]. IEEE Transactions on Applied Superconductivity, 2015, 25 (03): 1-5.

[12] YAMAGUCHI S, WATANABE H. Superconducting power transmission system and cooling method: 201414902417 [P]. 2014-07-01.

[13] WANG L, BAI G, ZHANG R, et al. Concept design of 1 GW LH$_2$-LNG-superconducting energy pipeline [J]. IEEE Transactions on Applied Superconductivity, 2019, 29 (02): 1-2.

[14] 邱清泉, 靖立伟, 李振明, 等. 低温燃料冷却阻燃气体保护的超导能源管道: 201710442123.4 [P]. 2017-06-13.

[15] 邱清泉, 肖立业, 张国民, 等. 液化天然气冷却 CF4 保护的超导能源管道: 201710724139.4 [P]. 2017-08-22.

[16] 张健霖. 超导直流能源管道短路故障情况下的动热稳定性与安全性 [D]. 北京: 中国科学院大学, 2019.

[17] SONG B, GAO X, REN M, et al. Electrothermal coupling simulation of termination insulation of superconducting energy pipeline [C]. Proceedings of IEEE 20th International Conference on Dielectric Liquids, 2019: 8796842.

[18] 桑文举, 于国鹏, 毛杭银, 等. 超导直流输电/液化天然气一体化能源管道终端: 201911131459.4 [P]. 2019-11-19.

[19] LI X, REN L, SHI J, et al. Design and analysis of four different current leads for superconducting DC energy pipeline [J]. IEEE Transactions on Applied Superconductivity, 2020, 30 (04): 1-5.

[20] LI X, REN L, XU Y, et al. Optimal design and thermal analysis of current leads in superconducting energy pipeline [J]. IEEE Transactions on Applied Superconductivity, 2020, 30 (08): 1-10.

[21] 张翊群, 薛芃, 蒋晓华. 高温超导直流能源管道电磁仿真分析 [J]. 低温与超导, 2019, 47 (11): 35-39.

[22] 于立佳, 王银顺, 朱承治, 等. ±100kV/1kA 能源管道双极直流高温超导电缆导体设计

[J]. 低温与超导, 2020, 48（02）: 37-43.

[23] CHEN X Y, XU Q, FENG J, et al. A concept of hybrid energy transfer considering the multi-purpose utilization of liquefied shale gas, liquefied nitrogen and superconducting DC cable [J]. Energy Procedia, 2017, 105: 1992-1997.

[24] CHEN Y, LI M Y, FENG Y J, et al. Theoretical modeling and preliminary design of hybrid energy transfer pipeline based on liquefied natural gas and superconducting cable [C]. Proceedings of 2018 IEEE International Conference on Applied Superconductivity and Electromagnetic Devices, 2018: 1-2.

[25] 陈孝元. 一种液氢-液氧-液氮-超导直流电缆复合能源传输系统: 201510634275.5 [P]. 2015-09-29.

[26] CHEN J, ZHANG G, QIU Q, et al. Simulation and experiment on superconducting DC energy pipeline cooled by LNG [J]. Cryogenics, 2020, 112: 103128.

[27] QIU Q, ZHANG G, XIAO L, et al. General design of ±100kV/1kA energy pipeline for electric power and LNG transportation [J]. Cryogenics, 2020, 109: 103120.

第8章 高温超导可控核聚变技术

8.1 工作原理

核聚变是指两个较小质量的原子（氢同位素氘、氚），通过足够的压力或动能使两个原子核聚变成一个较重的原子核（氦）和一个中子，并损失部分质量，释放出巨大能量的过程，如图8-1所示。核聚变释放的能量约为汽油的2500万倍，铀U235裂变的4倍。实现可控核聚变有三种约束方式，分别是引力约束、磁约束和惯性约束。其中引力约束是通过物质自身质量产生巨大的引力来实现对燃料的约束（如太阳），目前在地球上无法实现。磁约束指将氘氚燃料加热为等离子体态，利用强磁场约束等离子体运动碰撞发生核聚变。惯性约束的原理是把几毫克的氘氚气体装入直径为几毫米的小球内，向球面射入强大的激光束，球内气体受挤压后达到高温高压力状态发生爆炸燃烧并释放大量热能。聚变输出能量和聚变堆的体积、比压的二次方以及磁场的四次方成正比，即 $P_{\text{fusion}} \propto V \times \beta^2 \times B^4$。

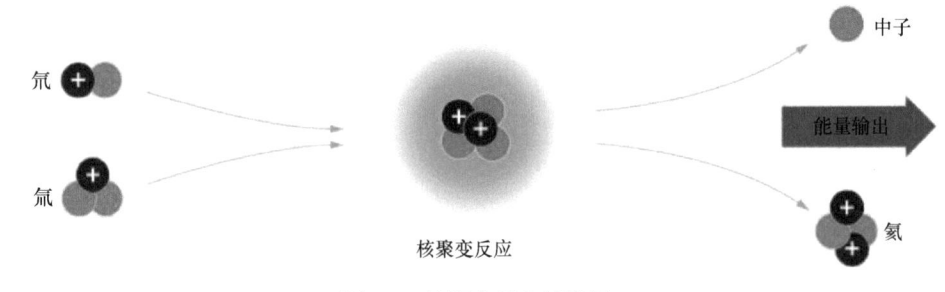

图 8-1 核聚变反应示意图

8.2 国外技术发展现状和趋势

20世纪80年代初，世界上就建造完成了3个磁约束可控核聚变装置：美国的

TFTR 装置、英国的 JET 装置和日本的 JT-60 装置[1-3]。常规托卡马克装置受散热影响，运行参数和运行效率难以提升。20 世纪末，超导技术被应用于托卡马克装置，系统运行参数得到很大提高，从而带动基础理论研究快速发展。目前国外已经建造完成或正在建造的大型超导托卡马克装置包括国际热核聚变实验堆 ITER、美国 DⅢ-D、韩国 KSTAR、日本 JT-60SA、欧洲联合环 JET 等。各托卡马克装置运行目标不同，因此磁体配置以及磁体运行电流存在差异，下面将对部分托卡马克装置及磁体进行简要介绍。

(1) 国际热核聚变实验堆 ITER

ITER 计划由中国、美国、日本、韩国、俄罗斯、印度和欧盟七方成员合作承担，是目前全球规模最大、影响最深远的国际合作项目之一[4-6]。ITER 装置旨在验证磁约束可控核聚变在工程技术上的可行性，装置由多个系统和部件组成，如图 8-2 所示，涉及等离子体物理、超导、低真空、材料、结构、控制、电力电子等多个科学领域的重要发展。ITER 超导磁体系统设置在外层杜瓦里面。超导磁体系统主要是由 18 个纵场 (Toroidal Field, TF) 线圈、6 个极向场 (Poloidal Field, PF) 线圈、1 组中心螺线管 (Central Solenoid, CS) 和 18 个校正场线圈 (Correct Coils, CC) 组成，分别由对应磁体电源供电，其中 TF 线圈电源输出电流范围 0~68kA，PF 线圈电源额定输出 +55kA，CS 线圈电源额定输出 +45kA[7-11]。表 8-1 为 ITER 的 CS 线圈主要参数。

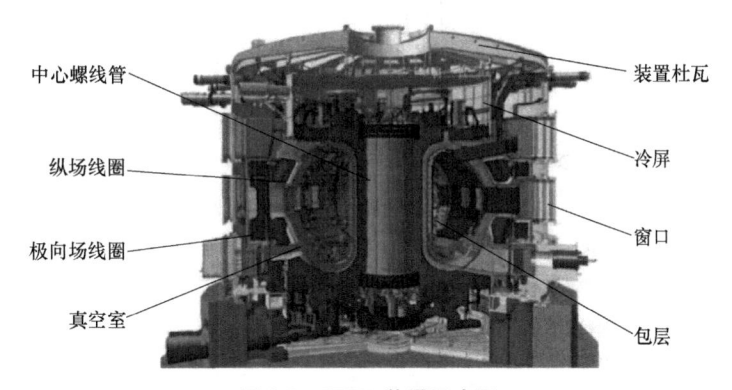

图 8-2 ITER 装置示意图

表 8-1 ITER 的 CS 线圈主要参数

参数	数值	参数	数值
线圈模组数量	6	线圈模组组成	6HPs+1QP
内半径/mm	1342.0(@293K)	导体类型	CICC(JK2LB 方形铠甲)
外半径/mm	2095.5(@293K)	超导材料	Nb_3Sn
单个模组高度/mm	2135.3(@293K)	导体尺寸/mm	49×49(@293K)
总高度/mm	13158(@293K)	运行电流/kA	40~45
单饼径向匝数	14	最高场强/T	13

(2) 美国 DⅢ-D

DⅢ-D 是 20 世纪 50 年代 General Atomics 公司不断发展的核聚变研究的产物。从 20 世纪 60 年代开始，早期的托卡马克设计是圆形的横截面，但 General Atomics 科学家开发了"双态"，一种具有细长沙漏形等离子体横截面的配置。20 世纪 70 年代和 20 世纪 80 年代的重态Ⅰ、Ⅱ和Ⅲ托卡马克表明，这种方法可以产生更热、密度更大的稳定等离子体。进一步的研究对 20 世纪 80 年代中期双态Ⅲ做出的修改，形成了 DⅢ-D 目前的 D 形截面，对 ITER 的设计产生了重大影响。DⅢ-D 是一个非圆形横截面托卡马克，如图 8-3 所示。其超导磁体环形线圈由 24 束 144 匝组成，最大电流为 126kA，产生的磁大小约为 2.2T[12-13]。

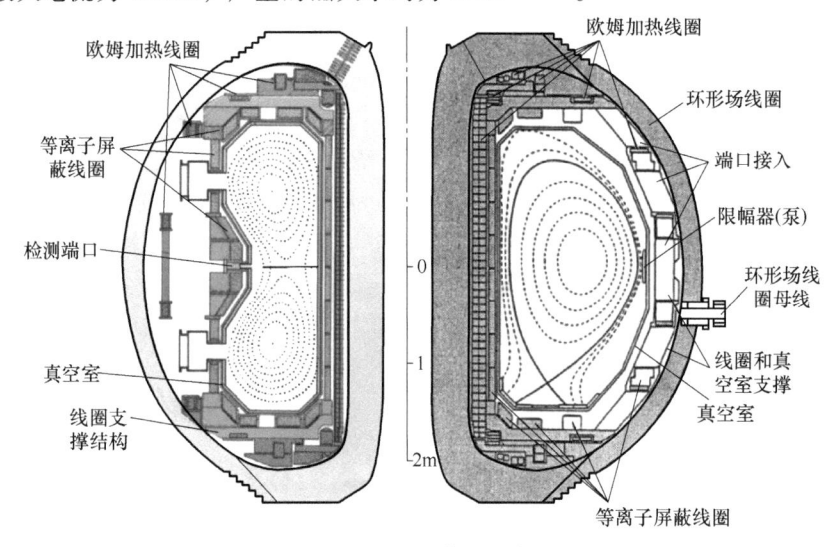

图 8-3 DⅢ-D 装置示意图

(3) 韩国 KSTAR

KSTAR 是由韩国国家聚变研究所负责完成的超导托卡马克核聚变装置，主体工程于 2007 年竣工，2008 年开始产生等离子体[14-15]。KSTAR 是世界上首个采用新型超导磁体（Nb_3Sn）材料产生磁场的全超导聚变装置。如图 8-4 所示，KSTAR 装置的超导磁体线圈由 16 个 TF 线圈及 4 对 CS 线圈（PF1-4）和 3 对 PF 线圈（PF5-7）构成，所有线圈上下对称分布，产生的最大场强达 7.5T。其中 TF 线圈电源输出电流范围为 0~40kA，PF1-4 线圈电源额定输出 25kA，PF5-7 线圈电源额定输出±20kA。KSTAR 的 CS 线圈主要参数见表 8-2。

(4) 日本 JT-60SA

JT-60SA 由日本 NAKA 核聚变研究所与欧盟合作，只使用氘（D）开展等离子体控制实验，旨在为 ITER 提供技术储备。装置建设于 2013 年开工，于 2020 年完工，并同年开展等离子体实验[16]。JT-60SA 的超导磁体由 18 个 TF 线圈（NbTi 超导）和 10 个 PF 线圈构成，PF 线圈包括 4 个 CS 线圈（Nb_3Sn 超导）与 6 个平衡线圈（EF1-6，NbTi 超导），如图 8-5 所示。TF 线圈电源稳态输出电流可达 25.7kA，PF 线圈电源额定输出电流可达 20kA[17]。JT-60SA 的 CS 线圈参数见表 8-3。

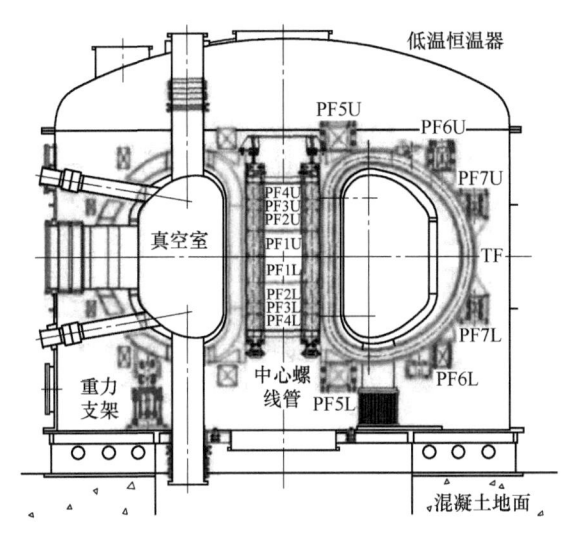

图 8-4 KSTAR 装置示意图

表 8-2 KSTAR 的 CS 线圈主要参数

参数	数值	参数	数值
电缆类型	Nb$_3$Sn	厚度/mm	398
铠甲材料	Incoloy908	匝数	240(15×16)
导体尺寸/mm	22.3×22.3	绕制形式	饼式绕法
线圈数量	2	运行电流/kA	20@8.5T,4.5K
内径/mm	740	最高场/T	8.6
外径/mm	1488		

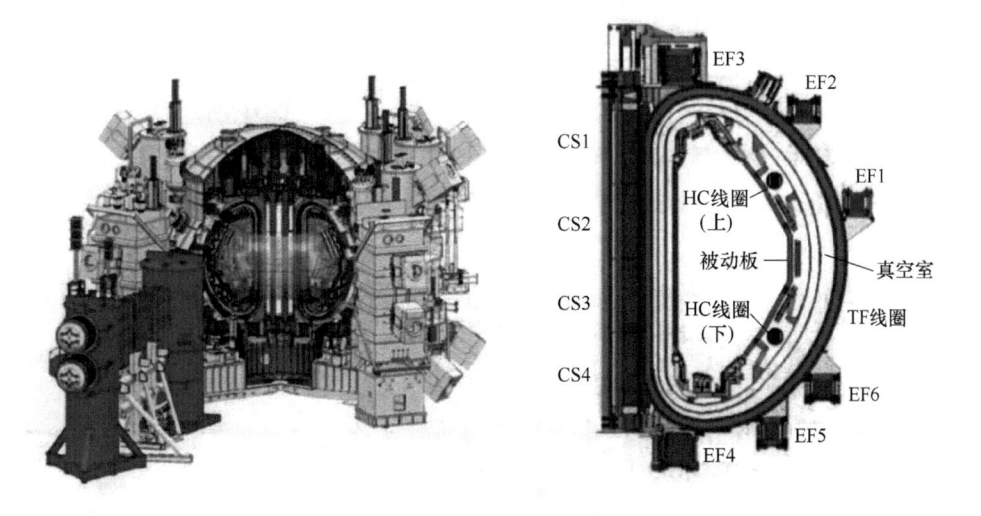

图 8-5 JT-60SA 装置示意图

表 8-3　JT-60SA 的 CS 线圈参数

参数	数值	参数	数值
电缆类型	Nb$_3$Sn	高度/mm	1600
铠甲材料	SS316LN	匝数	549
导体尺寸/mm	27.9×27.9	绕制形式	饼式绕法
线圈数量	4	运行电流/kA	20
内半径/mm	652	最高场/T	8.9
外半径/mm	992	单根最大导体长度/m	352

（5）欧洲联合环 JET

2022 年 2 月 9 日，欧洲核聚变研发创新联盟（EURO fusion）、英国原子能管理局（UKAEA）和国际热核聚变实验堆（ITER）联合宣布，在 2021 年 12 月 21 日，JET 实现了可控核聚变能量的新记录：将氘和氚加热到了 1.5 亿摄氏度并稳定保持了 5s，同时核聚变反应发生，释放出 59MJ 的能量。JET 是目前唯一能够使用氘和氚混合运行的装置，位于英国牛津郡卡勒姆（Culham）的英国原子能管理局基地。由 EURO fusion 的成员共同设计和建造，自 1983 年开始运营，平时由英国牛津郡卡勒姆聚变能源中心负责技术运营，EURO fusion 实验室的技术人员也会定期来 JET 进行工作。JET 装置的实物图如图 8-6 所示。

图 8-6　JET 装置的实物图

8.3　国内技术发展现状和趋势

国内目前主流的托卡马克装置包括华中科技大学的 J-TEXT 装置（主要研究等离子体破裂控制和预防），核工业西南物理研究院的中国环流器二号 A（HL-2A）装置和 HL-2M 装置（主要开展先进偏滤器物理研究），以及由中国科学院等离子体物理研究所自主设计和建造的世界上首个全超导托卡马克装置（EAST），主要开展稳态高约束等离子体先进运行模式的实验研究，并计划在 ITER 的基础上自主设计并研制下一代中国聚变工程实验堆（CFETR）。在 2025 年前，联合中国科学技术大学建设多个国际先进的全超导紧凑燃烧托卡马克装置（BEST）+聚变堆主机关键系统综合研究设施（CRAFT）的研究平台，打造聚变国家重点实验室。力争高质量建成 BEST，2030 年率先在全球演示聚变小功率发电，并完成聚变电站的中试。

（1）EAST

EAST 是我国自行研发的世界上第一个全超导托卡马克装置，也是世界上首个全超导非圆横截面托卡马克核聚变实验装置。EAST 始建于 1998 年，2006 年首次实现等离子体放电。EAST 采用 NbTi 的管内电缆导体作为超导磁体线圈的导体，内部共有 16 个 D 型 TF 超导磁体线圈和 14 个 PF 超导磁体线圈，如图 8-7 所示。纵场电源的额定工作电流为 16kA，产生的磁场强度为 3.5T。极向场 PF7 和 PF9 以及 PF8 和 PF10 两组超导磁体线圈串联由 12 套 15kA 的四象限运行的电源分别供电[18-20]。EAST 超导磁体系统的储能大于 300MJ。EAST 的 CS 线圈主要参数见表 8-4。

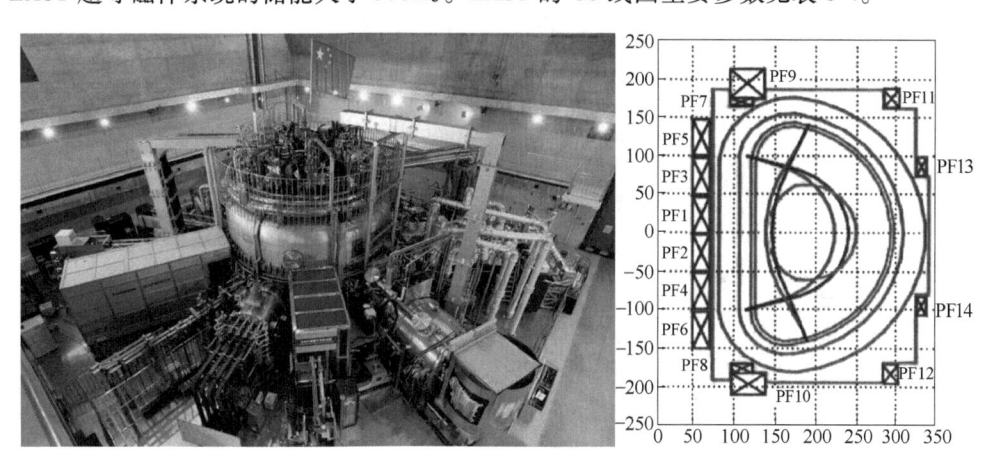

图 8-7 EAST 示意图

表 8-4 EAST 的 CS 线圈主要参数

参数	数值	参数	数值
电缆类型	NbTi	绕制形式	饼式绕法
铠甲材料	316L	运行电流/kA	15
导体尺寸/mm	17.4×17.4	最高场/T	6.3
内半径/mm	377	磁场变化率/(T/s)	7
外半径/mm	564	电感/mH	36
高度/mm	485	储能/MJ	5.84
匝数	140（14 饼×10 匝/饼）		

(2) J-TEXT

J-TEXT 是华中科技大学强场中心的一个中型的常规铁心托卡马克装置,其前身是美国德州大学奥斯汀分校聚变研究中心的 TEXT-U 装置。如图 8-8 所示,J-TEXT 的典型运行参数如下:大半径 $R_o = 105\,\text{cm}$,小半径 $a = 25 \sim 29\,\text{cm}$,等离子体电流 $I_p \leqslant 220\,\text{kA}$,等离子体电流平顶持续时间 $\leqslant 500\,\text{ms}$,纵场 $B_t \leqslant 2.2\,\text{T}$($R_o$ 位置),中心弦平均电子密度为 $1 \times 10^{19} \sim 6 \times 10^{19}\,\text{m}^{-3}$,电子温度为 $500 \sim 1000\,\text{eV}$。目前 J-TEXT 主要运行于圆形横截面限制器位形,加热模式为欧姆加热辅助电子回旋共振加热(Electron Cyclotron Resonance Heating,ECRH),该加热系统正在建设中。

J-TEXT 装置的磁体系统可以分为纵场和极向场,极向场根据其功能又可以分为欧姆场、垂直场、水平场和偏滤器线圈。欧姆场可以提供环电压驱动和加热等离子体电流,垂直场和水平场用于等离子体电流的水平位移和垂直位移的反馈控制,偏滤器线圈用于控制形成偏滤器位形。J-TEXT 装置的截面和线圈分布如图 8-9 所示。

图 8-8 J-TEXT 托卡马克装置实物图

(3) HL-2M

HL-2M(中国环流器二号 M)装置是中核西南物理研究院 HL-2A 的改造升级装置。HL-2M 装置的建造目的是研究未来聚变堆相关物理及其关键技术,研究高比压、高参数的聚变等离子体物理,为下一步建造聚变堆打好基础。在高比压、高参数的条件下,研究聚变堆的工程和技术问题。瞄准与 ITER 相关的物理内容,着重开展燃烧等离子体物理有关的研究课题,包括等离子体约束和输运、高能粒子物理、新的偏滤器位型、在高参数等离子体中的加料以及第一壁和等离子体相互作用等。

图 8-10 所示为 HL-2M 装置结构示意图,HL-2M 装置的磁体由 20 个环向场线

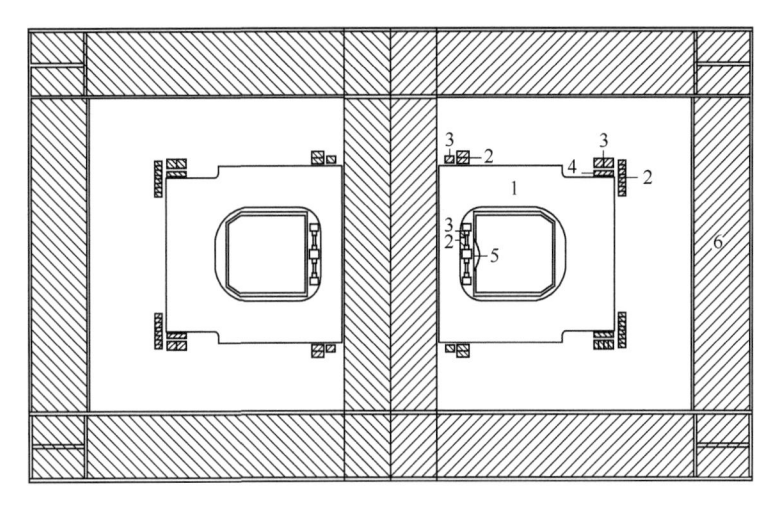

图 8-9 J-TEXT 装置的截面和线圈分布
1—纵场线圈　2—加热场线圈　3—垂直场线圈
4—水平场线圈　5—偏滤器线圈　6—铁心

圈、欧姆场线圈和 16 个极向场线圈组成。环形真空室截面呈 D 形。真空室内安装上下偏滤器、第一壁及被动控制导体组件等。改造后的 HL-2M 装置有以下特点：①具有大的拉长比和三角形变的等离子体截面，具备获得高比压等离子体的基本条件；②较小的纵横比，环向场较小的情况下，可以达到 3MA 的等离子体电流；③配建大功率加热系统，以提高等离子体温度和控制等离子体行为，有效控制高比压等离子体中的主要磁流体不稳定性，包括新经典撕裂模、边缘局域模、垂直不稳定性和破裂不稳定性等。另外新建一套脉冲容量为 300MVA 的飞轮脉冲发电机组，建设与 HL-2M 装置主机相匹配的磁场电源系统。

改造升级后的 HL-2M 装置能够运行在先进的位形下，并具备更强的二级加热功率，尤其是中性束加热，从而开展聚变堆和 ITER 物理相关的聚变科学研究。作为可开展先进托卡马克运行的一个受控核聚变实验装置，HL-2M 将成为中国开展

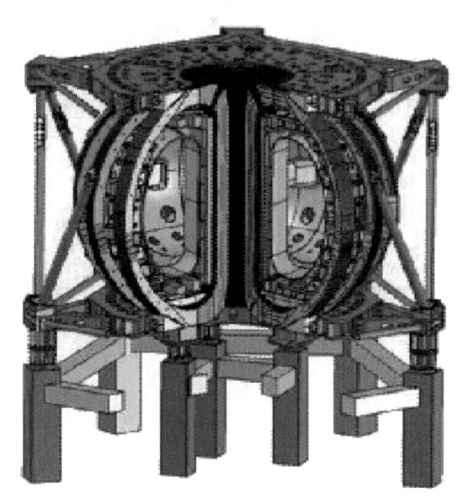

图 8-10 HL-2M 装置结构示意图

与聚变能源密切相关的等离子体物理和聚变科学研究的不可或缺的实验平台。HL-2M 装置参数见表 8-5。

表 8-5 HL-2M 装置参数

参数	数值	参数	数值
外径 R_o/m	1.78	等离子体电流/MA	>1.5
内径 a/m	0.65	拉长比 κ_{sep}	>1.8
环径比	2.8	三角变形 δ_{sep}	>0.5
环向磁场/T	2.2	等离子体电流平顶时间/s	6

(4) CFETR

CFETR 是中国计划在 ITER 基础上自主设计并研制的下一代聚变工程实验堆工程。CFETR 将进行聚变堆的集成设计及其关键技术的研发，对保障我国聚变堆核心技术发展的先进性、安全性和可靠性具有重要战略意义。其主要设计目标为：

1) 聚变功率为 0.2~1GW。
2) 燃烧等离子体运行时间占空比≥30%~50%。
3) 通过包层实现自持，因此氚增殖包层需要足够的空间，其厚度为 0.8~1.0m。

如图 8-11 所示，CFETR 超导磁体系统主要由 16 个 TF 线圈、6 个 PF 线圈和 1 个 CS 线圈组成[21-24]。其中，CS 线圈在运行时将产生最高 12T 的场并且具备承受高于 1T/s 磁场变化的能力。

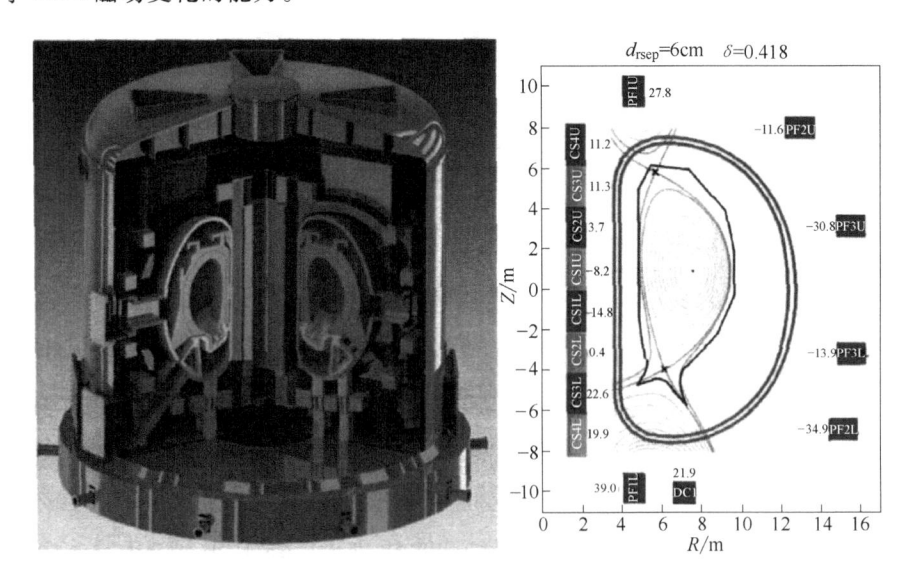

图 8-11 CFETR 装置示意图

从全球竞争态势来看，全球科技强国集聚政策、技术、资金等创新要素，推动高温超导聚变技术发展。在政策要素层面，英国、美国、中国等国家相继将高温超导核聚变技术列为重点发展方向之一，技术路线图规划大幅提前了实现聚变发电的时间节点。2021年，英国原子能管理局发布核聚变发展2021—2040年技术路线规划，将高温超导作为核心磁体材料列入研发计划。2022年，美国白宫召开聚变能源峰会，制定聚变能商业化十年发展战略，支持开展托卡马克聚变装置研究。2023年，中国科技部核聚变中心召开磁约束核聚变能发电路线图战略专家研讨会，提出"探讨先进物理和高温超导托卡马克技术路线的可行性"。

综上，国内外正在加快高温超导技术在可控核聚变中的应用。我国在可控核聚变的技术水平已经位列世界前端，表现在托卡马克装置建设与运行能力后来居上，以及遥遥领先的等离子体电流持续通流时长。但是由于前期以使用铜线圈和低温超导材料为主，我国在大型聚变高温超导磁体的设计方面经验相对匮乏，需要加快推动国家未来能源可控核聚变技术的进步。

参考文献

[1] LEVINTON F M, ZARNSTORFF M C, BATHA S H, et al. Improved confinement with reversed magnetic shear in TFTR [J]. Physical Review Letters, 1995, 75（24）：4417-4420.

[2] BONICELLI T. High power electronics at JET：an overview [C]. IEE Colloquium on Power Electronics for Demanding Applications, 1999.

[3] FUJII T. Review of ICRF antenna development and heating experiments up to advanced experiment I, 1989 on the JT-60 tokamak [J]. Personality & Individual Differences, 1992, 45（01）：62-67.

[4] FINOTTI C. Studies on the impact of the ITER Pulsed Power Supply System on the Pulsed Power Electrical Network [D]. Pavia：Università degli Studi di Padova, 2012.

[5] 徐杰. ITER PF6线圈绕制多层多轴同步控制系统的研究 [D]. 合肥：中国科学技术大学, 2017.

[6] MITCHELL N, BESSETTE D, GALLIX R, et al. The ITER magnet system [J]. IEEE Transactions on Applied Superconductivity, 2008, 18（02）：435-440.

[7] CHEN X, HUANG L, FU P, et al. The design on the real-time wavelet filter for ITER PF AC/DC converter control system [J]. IEEE Transactions on Plasma Science, 2016, 44（07）：1178-1186.

[8] 杨勇. ITER极向场大功率非同相并联变流器电析与设计 [D]. 武汉：华中科技大学, 2016.

[9] 陈晓娇. 超导磁体电源变流系统模块化的关键问题研究 [D]. 合肥：中国科学技术大学, 2017.

[10] 李传. ITER极向场变流器高功率大电流电抗器的设计与研制 [D]. 武汉：华中科技大学, 2016.

[11] NEUMEYER C, BENFATTO L, HOURTOULE J, et al. ITER power supply innovations and advances [C]. 2013 IEEE 25th Symposium on Fusion Engineering (SOFE), 2013：1-8.

[12] LUXON J L. A design retrospective of the DIII-D tokamak [J]. Nucl. Fusion, 2002, 42

（05）：614-633.

［13］ LUXON J L. A brief introduction to the DIII-D tokamak［J］. Fusion Science and Technology，2005，48（02）：828-833.

［14］ YONG C，YONEKAWA H，KIM Y O，et al. Quench detection based on voltage measurement for the KSTAR superconducting coils［J］. IEEE Transactions on Applied Superconductivity，2009，19（03）：1565-1568.

［15］ OH Y K，CHOI C H，SA J W，et al. KSTAR magnet structure design［J］. IEEE Transactions on Applied Superconductivity，2001，11（01）：2066-2069.

［16］ ISHIDA S，BARABASCHI P，KAMADA Y. Status and prospect of the JT-60SA project［J］. Fusion Engineering and Design，2010，85（12）：2070-2079.

［17］ ISHIDA S，BARABASCHI P，KAMADA Y. Overview of the JT-60SA project［J］. Nuclear Fusion，2011，51（09）：226-237.

［18］ 江加福，刘小宁，许留伟，等. EAST纵场电源均流技术［J］. 电工技术学报，2007，22（09）：118-123.

［19］ 汪舒生. EAST聚变装置大电流全控型固态断路器研制［D］. 合肥：中国科学技术大学，2019.

［20］ 高格，傅鹏，黄大华，等. ±15kA四象限运行变流电源的研制［J］. 电力电子技术，2005，39（02）：72-74.

［21］ SONG Y T，WU S T，LI J G，et al. Concept design of CFETR tokamak machine［J］. IEEE Transactions on Plasma Science，2014，42（03）：503-509.

［22］ WAN Y，LI J，LIU Y，et al. Overview of the present progress and activities on the CFETRI［J］. Nuclear Fusion，2017，57（10）.

［23］ ZHUANG G，LI G Q，LI J，et al. Progress of the CFETR design［J］. Nuclear Fusion，2019，59（11）.

［24］ REN Y，ZHU J，GAO X，et al. Electromagnetic，mechanical and thermal performance analysis of the CFETR magnet system［J］. Nuclear Fusion，2015，55（09）：093002.1-093002.19.

第9章 超导电力和能源应用技术发展趋势分析

9.1 技术发展路线图

在国家全力以赴实现"双碳"目标的关键时期,系统性梳理超导电力和能源应用技术的现状以及未来发展趋势,对促进我国电力事业有序发展意义重大。基于此,本书详细分析了国内外超导技术的历史以及发展现状,介绍了标志性的技术成果,同时,总结了超导电力和能源应用技术发展存在的问题和挑战,并对未来技术与产业发展进行了趋势研判,为超导电力与能源应用技术的实用化提供了重要的理论和实践参考。

由于高温超导材料制备技术与加工工艺的难度大,使得高温超导带材持续维持较高的价格,同时由于低温制冷等辅机系统的影响,导致超导电力装备在价格上无法与常规电力装备竞争,严重制约了其推广应用的进程。但是,超导电力装备在技术上具有明显的优点,除了提高系统效率外,使用超导体还可以减小电力设备的尺寸和重量,这些优点又可以大大提高整个电力系统的经济性。未来若在超导材料或低温环境方面取得技术突破,超导电力与能源应用技术毫无疑问将掀起新一轮的电力工业革命。根据中长期超导技术发展目标,定义超导电力和能源应用技术发展路线图,如图9-1所示。

9.2 技术趋势分析

超导电力和能源应用技术作为一门前沿性技术,不仅有助于推动电力科技创新,更是为电能"零损耗"使用创造了可能,它将是新型电力系统转型升级的关键技术。具体来说,超导电力和能源应用技术的发展趋势可以总结如下:

超导电力：引领绿色未来能源革命

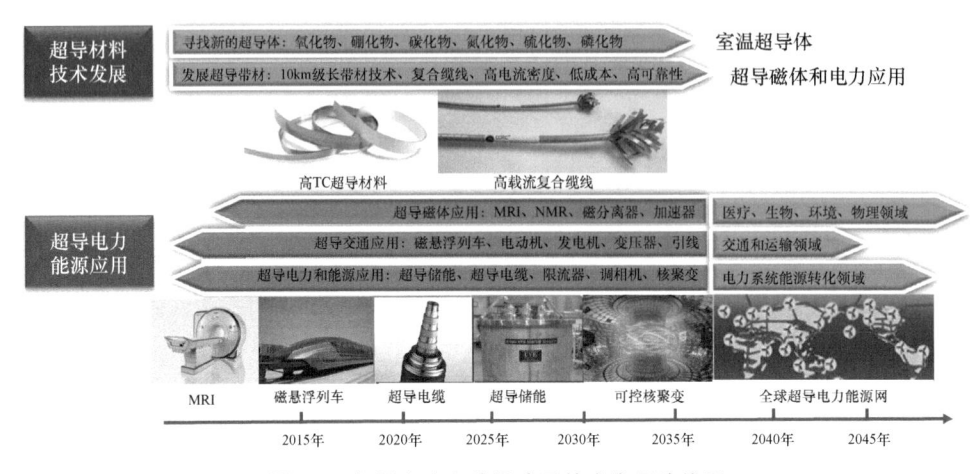

图 9-1 超导电力和能源应用技术发展路线图

（1）可控核聚变超导磁体技术成为战略布局重点

可控核聚变作为面向国家重大需求的前沿颠覆性技术，具有资源丰富、环境友好、固有安全等突出优势，是目前认识到的能够最终解决人类能源问题的重要途径之一，对我国经济社会发展、国防工业建设具有重要战略意义。可控核聚变是我国核能发展"热堆—快堆—聚变堆"三步走战略体系的重要组成部分，是解决国家能源需求、助推"双碳"目标实现、促进能源新体系构建和保障国家能源安全的关键科技变量。在此背景下，聚变超导磁体技术作为聚变反应堆中构成磁约束装置的核心技术，毫无疑问将会得到大力关注，是未来超导领域战略布局的重点。

（2）超导能源储输系统将迎来快速发展机遇

推进碳达峰碳中和是党中央经过深思熟虑作出的重大战略决策，是中国对国际社会的庄严承诺，也是中国社会高质量发展的内在要求。为此，以技术创新引领低碳发展新格局成为未来发展重心。大规模的储能与新能源输送系统是可再生能源充分开发利用的必要技术支撑，也是提高可再生能源占比和利用效率的必经之路，能够有效解决电网运行安全、电力电量平衡、可再生能源消纳等方面的问题。超导直流能源管道和超导氢电互济储输系统将显著提高 LNG 输送、新能源制氢、氢电共输、长周期储能的效率，成为实现 LNG/氢能与电能综合利用的变革手段，这对于提高新能源效率，降低碳排放，减少输送 LNG/电能/氢能损耗，推动我国新能源高效利用，早日实现碳达峰碳中和具有积极作用，超导能源储输系统在未来将迎来快速发展。

（3）超导限流器技术将不断突破创新

在碳达峰碳中和战略背景下，随着未来我国电力负荷的增长，新能源在配电网接入比例的增加及先进调控技术的引入，使得输配电系统规模和等级均在逐渐扩大，电网的短路阻抗越来越小，短路电流水平急剧增大。特别是在大型城市负荷密集区域以及新能源接入汇集点，电网出现的短路电流水平直逼甚至超过系统一次设备最大允许遮断容量，导致系统鲁棒性变差，常规电网调节手段已经面临较多问题，电网的安全运行正承受着前所未有的压力，而基于传统材料与技术又难于实现理想的限流器。超导限流器可应用于保护电网、电气设备和重要负荷，是目前较理想的一种限流装置。根据国际科技界和相关产业界的预测，高温超导限流器将是高温超导电力技术产业化的领头产品，并且其潜在市场将达到整个超导电力产品市场的 30%~40%。高温超导限流器今后将先发展用于中低压配电系统高温超导限流器，并逐步发展适用于高压输电系统的高温超导限流器。同时，随着超导复合缆线绕制技术的发展，该技术将应用于新型超导限流器中，进一步提高限流效果。

(4) 超导电力装备技术将稳步推进实用化

电缆、变压器、电机是电力电网中的主要电气设备，其制造工业随着电力工业的大规模发展而不断发展，以达到可靠性高、效率高、制造工艺成熟等目标。这些设备的进一步发展趋势是降低损耗水平、提高容量、减小体积和加强环保功能。现在，仅采用常规方法已经难以满足现代电力工业发展的需求。提高这些电力设备的性能，有赖于新材料、新工艺的研究与发展。超导材料在减小设备的体积和总损耗，以及提高容量等方面具有巨大的潜力，非常符合电力工业发展的需要。因此，常规超导电力装备技术将随着未来电网的不断发展逐步推广应用，稳步推进不断取得成果。

(5) 高温超导材料快速走向产业化

随着 REBCO 高温超导材料从成熟国产化和实用化走向产业化，可以预见，超导电力技术将主要基于第二代高温超导带材发展。超导材料价格会随着市场需求的增加而继续下降。

(6) 超导材料与常规技术综合利用成为发展趋势

超导电力技术已进入试验示范阶段，部分技术已开始步入商品化，但超导材料结合常规技术实现功能复合化或综合利用的超导电力装备将成为发展趋势。